ゼロからはじめる アイフォーン

iPhone 13
Pro/Pro Max
スマートガイド
【ドコモ完全対応版】

リンクアップ 著

JN022574

docomo

技術評論社

◆ CONTENTS

Chapter 1
iPhone 13 Pro/Pro Max のキホン

Chapter 2
電話機能を使う

Chapter 3
基本設定を行う

Chapter 4
メール機能を利用する

Chapter 5
インターネットを楽しむ

◆ CONTENTS

Chapter 6
音楽や写真・動画を楽しむ

Chapter 7
アプリを使いこなす

Chapter 8
iCloud を活用する

Chapter 9
iPhone をもっと使いやすくする

✖ CONTENTS

Chapter 10
iPhone を初期化・再設定する

ひと目でわかる iPhone 13 Pro ／ Pro Maxの新機能

iPhone 13 Pro ／ Pro Maxは、ホームボタンがない全面ディスプレイです。最新iOS 15になって、より使いやすい機能やアプリが追加されています。

iPhone 13 Pro ／ Pro Maxの基本的な操作

各種の操作は、ジェスチャーやサイドボタンなどを使って行います。本文でも都度解説していますが、ここでまとめて確認しておきましょう。

ホーム画面を表示する

スワイプする

電源をオフにする

サイドボタンといずれかの音量ボタンを同時に長押しする

コントロールセンターを表示する

スワイプする

通知センターを表示する

スワイプする

最近使用した
アプリを
表示する

② 止める

① スワイプする

アプリ
ケーションを
切り替える

左右に
スワイプする

スクリーン
ショットを
撮る

サイドボタンと
音量ボタンの上を
同時に押して離す

iPhone内の
情報を
検索する
（検索機能）

スワイプする

Siriを
起動する

長押しする

Apple Pay
を利用する

すばやく2回押す

iPhone 13 Pro / Pro MaxとiOS 15の新機能

Safari

iOS 15でiPhone標準のブラウザSafariが大きく変わりました。アドレスバーが画面下部に移動し、より高機能なタブバーになりました。タブは、「タブグループ」によって、テーマでまとめることができます。また、起動時に編集可能なスタートページが表示され、従来の「お気に入り」のほかに、ブックマーク、よく訪れるサイト、リーディングリスト、プライバシーレポートなどを表示することができます。

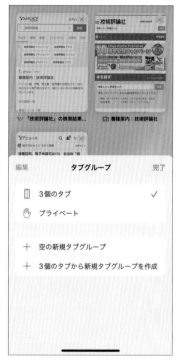

タブバーが画面下部に表示されるようになりました。

タブグループでタブをまとめることができます。

FaceTime

AndroidスマートフォンやPCのWindowsユーザーとも会話ができるようになりました。また、「SharePlay」と呼ばれる、音楽やビデオのストリーミングサービスのコンテンツを一緒に楽しむ機能が、後に予定されているアップデートで提供されます。

メッセージ

<写真>アプリなどに、「あなたと共有(Shared with You)」というフィールドが設けられ、<メッセージ>アプリでやり取りしたコンテンツが表示されます。また、これらのコンテンツは、<メッセージ>アプリを開かなくても、「あなたと共有(Shared with You)」フィールドから、送信や返信ができます。

集中モード

通知の動作などを、これまでのおやすみモードに加え、シーン別にさらに細かく管理できるようになりました。標準で用意された「運転中」などから選ぶほか、自分だけのモードを作成することも可能です。位置情報や時間で自動的に有効にできるほか、重要な通知は集中モードでも通知することができます。

通知

いろいろなアプリから届く1日の通知の要約を、設定したスケジュールに合わせて（標準は午前8時と午後6時）表示できるようになります。

プライバシー

送信メールに記載される自分のIPアドレスを非公開にすることができるようになりました。また、受信メールに表示されるリモートコンテンツをすべてブロックするよう設定することもできます。

Siri

タイマーやアラームの設定、アプリの起動など、特定の処理をネットワークに繋がっていない状態でも利用できるようになりました。これらの処理はサーバーなどに送信されないため、プライバシーの確保にもなります。

左側面

着信／サイレントスイッチ

音量ボタン　　SIMトレイ

上部

正面

内蔵ステレオスピーカー／内蔵マイク

前面側カメラ

タッチスクリーン

背面

背面カメラ　　フラッシュ

右側面

サイドボタン

底面

内蔵ステレオスピーカー／内蔵マイク

Lightning コネクタ

iPhone 13 Pro/
Pro Maxのキホン

電源のオン・オフと
スリープモード

OS・Hardware

iPhoneの電源の状態には、オン、オフ、スリープモードの3種類があり、サイドボタンで切り替えることができます。また、一定時間操作しないと自動的にスリープモードに移行します。

◢ ロックを解除する

(1) スリープモードのときに本体を持ち上げて、傾けます。もしくは、画面をタップするか、本体右側面のサイドボタンを押します。

押す

タップする

(2) ロック画面が表示されるので、画面下部を上方向にスワイプします。パスコード（Sec.67参照）が設定されている場合は、パスコードを入力します。

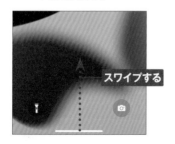

スワイプする

(3) ロックが解除されます。サイドボタンを押すと、スリープモードになります。

押す

MEMO 持ち上げて解除をオフにする

初期状態では、iPhoneを持ち上げて手前に傾けるだけでスリープモードが解除されるように設定されています。解除しないようにするには、＜設定＞→＜画面表示と明るさ＞の順にタップし、「手前に傾けてスリープ解除」の ◯ をタップして、◯ にします。

タップする   30秒 ＞

手前に傾けてスリープ解除

❌ 電源をオフにする

① 電源が入っている状態で、サイドボタンと音量ボタンの上または下を、手順②の画面が表示されるまで同時に押し続けます。

長押しする

② ⏻を右方向にドラッグすると、電源がオフになります。

ドラッグする

③ 電源をオフにしている状態で、サイドボタンを長押しすると、電源がオンになります。

長押しする

MEMO ソフトウェア・アップデート

iPhoneの画面を表示したときに「ソフトウェア・アップデート」の通知が表示されることがあります。その場合は、バッテリーが十分にある状態でWi-Fiに接続し、<今すぐインストール>をタップすることでiOSを更新できます。パソコンからはパソコンとiPhoneを接続し、Windowsの場合はiTunesを起動して左上の<iPhone>→<概要>→<アップデートを確認>→<アップデート>、Macの場合はFinderのサイドバーで<iPhone>→<概要>→<アップデートを確認>→<アップデート>の順にクリックします。

1

iPhoneの基本操作を覚える

OS・Hardware

iPhoneは、指で画面にタッチすることで、さまざまな操作が行えます。また、本体の各種ボタンの役割についても、ここで覚えておきましょう。

1

本体の各種ボタンの操作

着信/サイレントスイッチ
消音モードに切り替えることができます（P.54参照）。

音量ボタン
音量の調節が可能です。

サイドボタン
長押しでSiriを起動したり、電源のオン、オフに使用したりします。

MEMO **本体を横向きにすると画面も回転する**

iPhoneを横向きにすると、アプリの画面が回転し横長で表示されます。また、iPhoneを縦向きにすると、画面は縦長で表示されます。ただし、アプリによっては画面が回転しないものもあります。

✕ タッチスクリーンの操作

タップ／ダブルタップ

画面に軽く触れてすぐに離すことを「タップ」、同操作を2回繰り返すことを「ダブルタップ」といいます。

タッチ

画面に触れたままの状態を保つことを「タッチ」といいます。

ピンチ（ズーム）

2本の指を画面に触れたまま指を広げることを「ピンチオープン」、指を狭めることを「ピンチクローズ」といいます。

ドラッグ／スライド（スクロール）

アイコンなどに触れたまま、特定の位置までなぞることを「ドラッグ」または「スライド」といいます。

スワイプ

画面の上を指で軽く払うような動作を「スワイプ」といいます。

MEMO 触覚タッチ

iPhoneでは、アイコンをタッチして、クイックアクションメニューの表示を行うことができます。

OS・Hardware

ホーム画面の使い方

iPhoneのホーム画面では、アイコンをタップしてアプリを起動したり、ホーム画面を左右に切り替えたりすることができます。また、Appライブラリを確認することも可能です。

1 iPhoneのホーム画面

画面上部：インターネットへの接続状況や現在の時刻、バッテリー残量などのiPhoneの状況が表示されます。

ウィジェット：ニュースや天気など、さまざまなカテゴリの情報をウィジェットで確認することができます（Sec.06参照）。

Appアイコン：インストール済みのアプリのアイコンが表示されます。

ホーム画面の位置：ホーム画面の数と、現在の位置を表します。

MEMO 拡大表示

iPhone 13 Pro/Pro Maxはアイコンや文字を若干大きく表示する「拡大表示」の機能を利用できます。拡大表示を利用するには、ホーム画面で<設定>→<画面表示と明るさ>→<表示>→<拡大>→<設定>→<"拡大"を使用>の順にタップします。

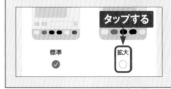

標準

拡大

タップする

Dock：よく使うアプリのアイコンを最大4個まで設置できます。ホーム画面を切り替えても常時表示されます。

✕ ホーム画面を切り替える

● ホーム画面を切り替える

① ホーム画面を左方向にスワイプします。

② 右隣のホーム画面が表示されます。画面を右方向にスワイプする、もしくは画面下部を上方向にスワイプすると、もとのホーム画面に戻ります。

● 情報を表示する

① ホーム画面を何度か右方向にスワイプすると、左端の画面でウィジェット（Sec.06参照）が表示され、それぞれの情報をチェックできます。

② 何度か左方向にスワイプすると、右端に「Appライブラリ」画面が表示されます（P.240参照）。画面を右方向にスワイプすると、ホーム画面に戻ります。

通知センターで
通知を確認する

iPhoneの画面左上に表示されている現在時刻部分を下方向にスワイプすると、「通知センター」が表示され、アプリからの通知を一覧で確認できます。

OS・Hardware

通知センターを表示する

1 画面左上を下方向にスワイプします。

スワイプする

2 通知があると、下のように表示されます。

3 画面下部から上方向にスワイプすると、通知センターが閉じて、もとの画面に戻ります。

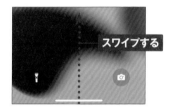

スワイプする

**MEMO ロック画面から
通知センターを確認する**

ロック画面から通知センターを表示するには、画面の中央辺りから上方向にスワイプします。

スワイプする

◪ 通知センターで通知を確認する

(1) P.20手順①を参考に通知センターを表示し、通知（ここでは<メッセージ>）を右方向にドラッグします。

ドラッグする

(3) 通知を左方向にドラッグして、<消去>をタップすると、通知を削除できます。

❶ドラッグする　❷タップする

(2) <開く>をタップすると、アプリが起動します。通話の着信やメールの通知などをタップすると、それぞれのアプリが起動します。

タップする

MEMO グループ化された通知を見る

同じアプリからの通知はグループ化され、1つにまとめて表示されます。まとめられた通知を個別に見たい場合は、グループ通知をタップすれば展開して表示されます。展開された通知は、右上の<表示を減らす>をタップすると、再度グループ化されます。

コントロールセンターを利用する

iPhoneでは、コントロールセンターからもさまざまな設定を行えるようになっています。ここでは、コントロールセンターの各機能について解説します。

OS・Hardware

コントロールセンターで設定を変更する

1 画面右上から下方向にスワイプします。

スワイプする

2 コントロールセンターが表示されます。上部に配置されているアイコン（ここでは青表示になっているWi-Fiのアイコン）をタップします。

タップする

3 アイコンがグレーに表示されてWi-Fiの接続が解除されます。もう一度タップすると、Wi-Fiに接続します。画面を上方向にスワイプすると、コントロールセンターが閉じます。

設定が変更される

MEMO コントロールセンターの触覚タッチ

コントロールセンターの項目の中には、触覚タッチで詳細な操作ができるものがあります。

▓ コントロールセンターの設定項目

❶機内モードのオン／オフを切り替えられます（P.54MEMO参照）。

❷モバイルデータ通信のオン／オフを切り替えられます。

❸Wi-Fiの接続／未接続を切り替えられます。

❹Bluetooth機器との接続／未接続を切り替えられます。

❺音楽の再生、停止、早送り、巻戻しができます。

❻iPhoneの画面を縦向きに固定する機能をオン／オフできます。

❼音楽や動画をAirPlay対応機器で再生することができます。

❽集中モード（Sec.66参照）の設定ができます。

❾上下にドラッグして、画面の明るさを調整できます。

❿上下にドラッグして、音量を調整できます。

⓫フラッシュライトを点灯させたり消したりできます。タッチすると明るさを選択できます。

⓬＜時計＞アプリのタイマーが起動します。タッチすると簡易タイマーが起動します。

⓭＜計算機＞アプリが起動します。

⓮＜カメラ＞アプリが起動します。タッチすると撮影モードを選択できます。

⓯＜カメラ＞アプリのQRコードカメラが起動します。

 コントロールセンターのカスタマイズ

コントロールセンターの項目は、追加や削除、移動などが自由にカスタマイズできます（Sec.64参照）。

OS・Hardware

ウィジェットを利用する

iPhoneでは、ニュースや天気など、さまざまなカテゴリの情報をウィジェットで確認することができます。ウィジェットの順番は入れ替えることができるので、好みに合わせて設定しましょう。

ウィジェットで情報を確認する

(1) ホーム画面を何回か右方向にスワイプします。

(2) ウィジェットが一覧表示されます。画面を上方向にスワイプします。

(3) 下部のウィジェットが表示されます。画面を左方向にスワイプすると、ホーム画面に戻ります。

MEMO ロック画面から表示する

ロック画面を右方向にスワイプすることでも、ウィジェットを表示することができます。

✖ ウィジェットを追加／削除する

1 P.24手順③の画面で、下部の
　<編集>をタップします。

> タップする
> 編集

2 画面左上の + をタップします。

> +
> 完了
> Q 検索
> タップする

3 追加したいウィジェット（ここでは
　<メモ>）をタップします。

> タップする
> Podcast
> メモ

4 画面を左右にスワイプして、ウィ
　ジェットの大きさを選び、<ウィ
　ジェットを追加>をタップします。

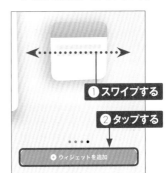

> ①スワイプする
> ②タップする
> ● ウィジェットを追加

5 ウィジェットが追加されます。ウィ
　ジェットを削除する場合は ⊖ →
　<削除>の順にタップします。画
　面右上の<完了>をタップする
　と、編集が終了します。

> ①タップする
> "メモ"ウィジェットを削除しま
> すか？
> このウィジェットを削除してもAppやデー
> タは削除されません。
> キャンセル　削除
> ②タップする

**MEMO　ウィジェットを
ホーム画面に追加する**

ウィジェットはホーム画面にも追
加できます。詳しくは、P.238
を参照してください。

OS・Hardware

アプリの起動と終了

iPhoneでは、ホーム画面のアイコンをタップすることでアプリを起動します。画面下部から上方向にスワイプして指を止めると、アプリを終了したり、切り替えたりすることが可能です。

アプリを起動する

(1) ホーム画面で　をタップします。

タップする

(2) <Safari>アプリが起動しました。画面下部から上方向にスワイプします。

スワイプする

(3) ホーム画面に戻ります。

MEMO アプリの利用を再開する

手順③でホーム画面に戻っても、アプリは終了しません。複数のアプリが同時に起動した状態にできるため、再度同じアイコンをタップすると、手順②の続きの状態から操作を再開することができます。

❌ アプリを終了する

(1) 画面下部を上方向にスワイプして、画面中央で指を止め、指を離します。

(2) 最近利用したアプリの画面が表示されます。左右にスワイプして、画面を上方向にスワイプすると、起動中のアプリ画面が消え、アプリが終了します。

(3) 手順②の画面でアプリ画面をタップすると、そのアプリに切り替えることができます。

MEMO　アプリをすばやく切り替える

アプリを使用中に画面下部を左右にスワイプすると、最近利用した別のアプリに切り替えることができます。

Application

文字を入力する

iPhoneでは、オンスクリーンキーボードを使用して文字を入力します。一般的な携帯電話と同じ「テンキー」やパソコンのキーボード風の「フルキー」などを切り替えて使用します。

🗷 iPhoneのキーボード

テンキー

フルキー

MEMO 2種類のキーボードと4種類の入力方法

iPhoneのオンスクリーンキーボードは主に、テンキー、フルキーの2種類を利用します。標準の状態では、「日本語かな」「絵文字」「English (Japan)」「音声入力」の4つの入力方法があります。「日本語ローマ字」や外国語のキーボードを別途追加することもできます。なお、GboardやSimejiなどサードパーティ製のキーボードアプリをインストールして利用することも可能です。

▨ キーボードを切り替える

① キー入力が可能な画面（ここでは「メモ」の画面）になると、オンスクリーンキーボードが表示されます。画面では、テンキーの「日本語かな」が表示されています。「絵文字」キーボードを利用したい場合は、😊をタップします。

② 「絵文字」が表示されます。🌐をタップすると、手順①の画面に戻ります。

③ 手順①の画面で🌐をタップすると、フルキーの「English（Japan）」が表示されます。🌐をタップすると、手順①の画面に戻ります。

MEMO キーボード一覧を表示して切り替える

オンスクリーンキーボードで🌐をタッチすると、現在利用できるキーボードが一覧表示されます。その中から目的のキーボードをタップすると、使用するキーボードに切り替わります。

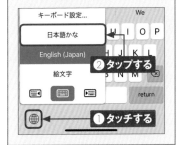

❷ テンキーの「日本語かな」で日本語を入力する

① テンキーは、一般的な携帯電話と同じ要領で入力が可能です。たとえば、⌗を3回タップすると、「ふ」が入力できます。

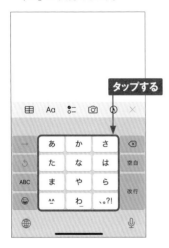

② 入力時に⌗をタップすると、その文字に濁点や半濁点を付けたり、小文字にしたりすることができます。

③ 単語を入力すると、変換候補が表示されます。候補の中から変換したい単語をタップすると、変換が確定します。

④ 文字を入力し、変換候補の中に変換したい単語がないときは、変換候補の欄に表示されている✓をタップします。

⑤ 変換候補の欄を上下にスワイプして文字を探します。もし表示されない場合は、∧をタップして入力画面に戻ります。

6 単語を変換するときは、単語の後ろをタップして、変換の位置を調整し、変換候補の欄で文字を探し、タップします。変換したい単語が候補にないときは、P.30手順④〜⑤の操作をします。

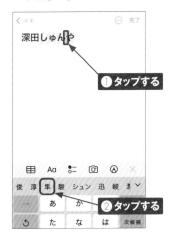

7 手順⑥で調整した位置の単語だけが変換されました。

8 顔文字を入力するときは、⌂をタップします。

9 顔文字の候補が表示されます。希望の顔文字をタップします。

MEMO 絵文字を入力する

P.30手順①の画面で☺をタップして、入力したい絵文字を選択してタップすると、絵文字が入力されます。上部の検索ボックスに文字を入力して絵文字を検索することもできます。

31

▨ テンキーで英字・数字・記号を入力する

① <u>ABC</u> をタップすると、英字のテンキーに切り替わります。

② 日本語入力と同様に、キーを何度かタップして文字を入力します。入力時に <u>a/A</u> をタップすると、入力中の文字が大文字に切り替わり、<確定>をタップすると入力が確定されます。

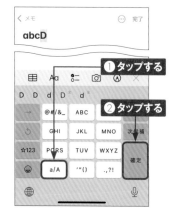

③ 数字・記号のテンキーに切り替えるときは、<u>☆123</u> をタップします。

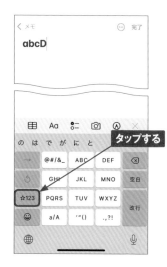

④ キーをタップすると数字を入力できます。キーをタッチしてスライドすると（P.33参照）、記号を入力できます。

✖ そのほかの入力方法

① テンキーでは、キーを上下左右に
スライドすることで文字を入力でき
ます。入力したい文字のキーをタッ
チします。

② キーをタッチしたまま、入力したい
文字の方向へスライドします。タッ
チしなくても、すばやくスワイプす
ると対応する文字を入力できま
す。

③ スライドした方向の文字が入力さ
れます。手順②では下方向にス
ライドしたので、「こ」が入力され
ました。

MEMO 音声入力を行う

音声入力を行うには、キーボー
ドの🎤をタップします。初めて利
用するときは、＜音声入力を有
効にする＞をタップします。
iPhoneに向かって入力したい言
葉を話すと、話した言葉が入力
されます。

⬛ 「English（Japan）」で英字・数字・記号を入力する

1 P.29を参考に、「English（Japan）」を表示します。そのあと、キーをタップして英字を入力します。行頭の1文字目は大文字で入力されます。⬆をタップしてから入力すると、1文字目を小文字にできます。

2 入力した文字によって、単語の候補が表示されます。表示された候補をタップすると、単語が入力されます。

3 数字を入力するには、123 をタップします。

4 数字や記号が入力できるようになりました。そのほかの記号を入力するときは、#+=をタップします。⬤をタップすると、「日本語かな」キーボードに戻ります。

🔲 片手入力に切り替える

(1) テンキーの状態で、⊕をタッチします。

タッチする

(2) 🔤をタップします。

タップする

キーボード設定...
日本語かな
English (Japan)
絵文字

(3) キーボードが左寄りに配置され、片手入力に切り替わります。 》をタップすると、手順①の画面に戻ります。

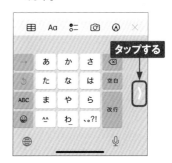

タップする

(4) 手順②の画面で🔤をタップすると、キーボードが右寄りになります。

MEMO そのほかのキーボードから切り替える

片手入力への切り替えは、どのキーボードからでも同様に行えます。絵文字とEnglish（Japan）も⊕をタッチすると、片手入力に切り替えられます。

1

文字を編集する

iPhoneでは、入力した文字の編集や、コピー&ペーストといった操作がかんたんに行えます。メールやメモを書く際には欠かせない機能なので、使い方をしっかり覚えておきましょう。

◾ 文字を削除する

（1） 文字を削除したいときは、削除したい文字の後ろをタップします。

（2） ⌫を消したい文字の数だけタップすると、文字が削除されます。

タップする

削除された

タップする

MEMO タップでテキストを選択する

テキストをタップすることで、単語や文、段落を選択することができます。単語を選択するには、選択したい単語を1本指でダブルタップ、行または文を選択するには、1本指でトリプルタップします。また、選択範囲の最初の単語をダブルタップしたまま選択範囲の最後の単語までドラッグすることで、テキストの一部が選択できます。

✕ 文字をコピー&ペーストする

(1) コピーしたい文字列をタッチします。指を離すと、メニューが表示されるので、<選択>をタップします。

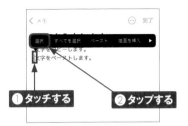

(2) 隣接する単語が選択された状態になります。選択範囲は、●と●をドラッグして変更します。

(3) 選択範囲を調整し、指を離すとメニューが表示されるので、<コピー>をタップします。

(4) コピーした文字列を貼り付けたい場所をタッチします。指を離すと、メニューが表示されるので、<ペースト>をタップします。

(5) 手順③でコピーした文字列がペーストされました。

MEMO 3本指のジェスチャー操作

iPhoneでは、3本指を使う「ジェスチャー」が利用できます。下の表を参考にしてください。

コピー	3本指でピンチクローズ
カット	3本指でダブルピンチクローズ（すばやく2回ピンチクローズ）
ペースト	3本指でピンチオープン
取り消し	3本指で左方向にスワイプ
もとに戻す	3本指で右方向にスワイプ
メニュー呼び出し	3本指でタップ

❷ カメラで認識した文字を挿入する

① P.154MEMOを参考に、文字認識を有効にすると、カメラに写した文字を挿入することができます。P.37手順④を参考にメニューを表示します。文字認識が有効になっていると、圓が表示されるので、タップします。

③ 枠内の文字が表示されるので、挿入したい範囲をドラッグして選択します。

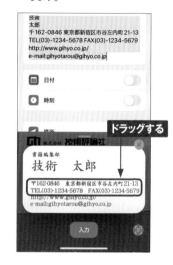

② 読み取りたい文字の範囲を表示される黄色の枠内に写して、圓をタップします。

④ ＜入力＞をタップすると、文字が挿入されます。なお、文字認識は2021年10月現在日本語に対応していないため、一部の漢字、ひらがな、カタカナは正しく認識できません。

電話機能を使う

電話をかける・受ける

Application

iPhoneで電話機能を使ってみましょう。通常の携帯電話と同じ感覚でキーパッドに電話番号を入力すると、電話の発信が可能です。着信時の操作は、1手順でかんたんに通話が開始できます。

■ キーパッドを使って電話をかける

(1) ホーム画面で📞をタップします。

タップする

(2) <キーパッド>をタップします。

連絡先なし

タップする

★ よく使う項目　履歴　連絡先　キーパッド　留守番電話

(3) キーパッドの数字をタップして、電話番号を入力し、📞をタップします。

090 0000 0000

番号を追加

❶タップする

1　2 ABC　3 DEF
4 GHI　5 JKL　6 MNO
7 PQRS　8 TUV　9 WXYZ
*　0 +　#

❷タップする

(4) 相手が応答すると通話開始です。📞をタップすると、通話を終了します。

タップする

⚡ 電話を受ける

① iPhoneの操作中に着信のバナーが表示されたら、📞をタップします（MEMO参照）。

② 通話が開始されます。通話を終えるには、📞をタップします。

MEMO バナーが消えてしまった場合

通話中にバナーが消えてしまったときは、画面左上の背景が緑色になっている時刻をタップし、📞をタップします。

③ 手順①で📞をタップすると、通話を拒否できます。

MEMO ロック中に着信があった場合

iPhoneがスリープ中やロック画面で着信があった場合、ロック画面にスライダーが表示されます。📞を右方向にスライドすると、着信に応答できます。また、サイドボタンをすばやく2回押すと、通話を拒否できます。

2

Application

発着信履歴を確認する

電話をかけ直すときは、発着信履歴から行うと手間をかけずに発信できます。また、発着信履歴の件数が多くなりすぎた場合は、履歴を消去して整理しましょう。

発着信履歴を確認する

(1) ホーム画面で📞をタップします。

(2) <履歴>をタップします。

(3) 発着信履歴の一覧が表示されます。<不在着信>をタップします。

(4) 発着信履歴のうち不在着信の履歴のみが表示されます。<すべて>をタップすると、手順③の画面に戻ります。

✕ 発着信履歴から発信する

① P.42手順③で通話したい相手を
タップします。

② 画面が切り替わり、発信が開始
されます。

📝 MEMO 発着信履歴を削除する

発着信履歴を削除するには、手順①の画面を表示し、画面右上の<編集>をタップします。削除したい履歴の左側にある●をタップすると、<削除>が表示されるので、<削除>をタップして、<完了>をタップすると削除されます。また、すべての発着信履歴を削除するには、画面左上の<消去>をタップして、<すべての履歴を消去>をタップします。

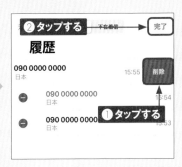

Application

連絡先を作成する

電話番号やメールアドレスなどの連絡先の情報を登録するには、
<電話>アプリの「連絡先」を利用します。また、発着信履歴の
電話番号をもとにして、連絡先を作成することも可能です。

連絡先を新規作成する

1 ホーム画面で📞をタップし、<連絡先>をタップしたら、＋をタップします。

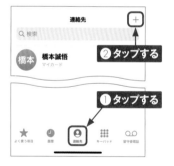

2 <姓>をタップします。

3 登録したい相手の氏名やふりがなを入力し、<電話を追加>をタップします。

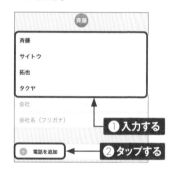

4 電話番号を入力します。電話番号のラベルを変更したい場合は、<携帯電話>をタップします。

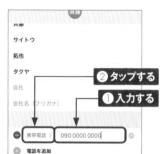

(5) 変更したいラベル名をタップして選択します。

(6) ラベルが変更されました。メールアドレスを登録するには、<メールを追加>をタップして、メールアドレスを入力します。

(7) 情報の入力が終わったら、<完了>をタップします。

MEMO 登録した連絡先に電話を発信する

P.44手順①を参考に「連絡先」画面を表示し、発信したい連絡先をタップして、電話番号をタップすると、電話を発信できます。

🖪 着信履歴から連絡先を作成する

(1) P.42手順③で連絡先を作成したい電話番号の右にある①をタップします。

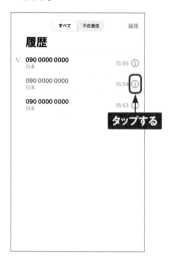

(2) <新規連絡先を作成>をタップします。

(3) 電話番号が入力された状態で「新規連絡先」画面が表示されます。P.44手順②〜 P.45手順⑦を参考にして、連絡先を作成します。

MEMO　連絡先を編集する

P.44手順①を参考に「連絡先」画面を表示し、編集したい連絡先をタップすると、連絡先の詳細画面が表示されます。画面右上の<編集>をタップして、編集したい項目をタップして情報を入力し、<完了>をタップすると編集完了です。

❷ よく電話をかける連絡先を登録する

(1) P.46MEMOを参考に連絡先の詳細画面を表示し、<よく使う項目に追加>をタップします。

(2) 登録したいアクション（ここでは<電話>）をタップします。複数の電話番号を登録している場合は、次の画面で登録する番号をタップして選択します。

(3) ホーム画面で📞→<よく使う項目>の順にタップし、目的の連絡先をタップするだけで、電話の発信ができるようになります。

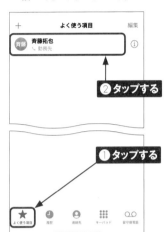

MEMO 連絡先を削除する

P.46MEMOを参考に連絡先の編集画面を表示して、画面を上方向にスワイプし、<連絡先を削除>をタップします。確認画面で<連絡先を削除>をタップすると、削除が完了します。

Application

留守番電話を確認する

留守番電話は、ロック画面や<電話>アプリで確認できます。留守番電話を利用するには、「留守番電話サービス」（有料）に加入しておく必要があります。

留守番電話を聞く

(1) ホーム画面を表示し、📞をタップします。

タップする

(2) <留守番電話>をタップします。

タップする

(3) 留守番電話を聞きたい相手の連絡先をタップします。

タップする

(4) ▶をタップすると、保存されたメッセージを聴くことができます。

タップする

☒ 留守番電話の呼び出し時間を設定する

① P.40手順①〜②を参考に＜電話＞アプリの「キーパッド」画面を表示し、「1419」と入力して📞をタップします。

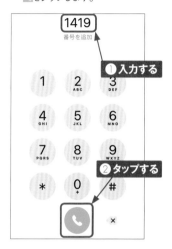

② ＜キーパッド＞をタップします。

③ 留守番電話の呼び出し秒数（0〜120秒。ここでは「30」）を入力し、そのあとに「#」を入力します。初期設定では15秒に設定されています。

④ 最後に「#」を入力し、❷をタップして通話を終了します。

MEMO 相手に電話をかけ直す

電波の届かない場所にいるときは、すぐに留守番電話に転送されるため、着信履歴に発信元の電話番号が表示されません。この場合は電話番号がSMSで通知されるので、ホーム画面で💬をタップし、「DoCoMo SMS」に記載された電話番号をタップし、＜発信＞をタップします。

2

Application

着信拒否を設定する

iPhoneでは、着信拒否機能が利用できます。なお、着信拒否が設定できるのは、発着信履歴のある相手か、「連絡先」に登録済みの相手です。

✕ 履歴から着信拒否に登録・解除する

1 P.42手順①〜②を参考に「履歴」画面を表示し、着信を拒否したい電話番号の①をタップします。

3 <連絡先を着信拒否>をタップします。

2 <この発信者を着信拒否>をタップします。

4 着信拒否設定が完了します。<この発信者の着信拒否設定を解除>をタップすると、着信拒否設定が解除されます。

連絡先から着信を拒否する

① ホーム画面で📞をタップし、<連絡先>をタップします。着信を拒否したい連絡先をタップします。

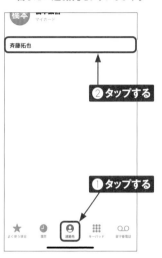

② <この発信者を着信拒否>をタップします。

③ <連絡先を着信拒否>をタップします。

④ 着信拒否設定が完了します。<この発信者の着信拒否設定を解除>をタップすると、着信拒否設定が解除されます。

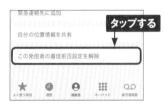

MEMO 不明な発信者を消音する

連絡先に登録していない不明な番号から着信が来た場合、「不明な発信者を消音」にする設定をしていると、着信は消音され、留守番電話に送られて、履歴に表示されます。ホーム画面から<設定>→<電話>→<不明な発信者を消音>の順にタップし、⚪︎をタップして⚫︎にすると設定できます。

Application

音量・着信音を変更する

着信音量と着信音は、<設定>アプリで変更できます。標準の着信音に飽きてきたら、<設定>アプリの「サウンドと触覚」画面から、新しい着信音を設定してみましょう。

◪ 着信音量を調節する

(1) ホーム画面で<設定>をタップします。

(3) 「着信音と通知音」の を左右にドラッグし、音量を設定します。

(2) <サウンドと触覚>をタップします。

MEMO 通話音量を変更する

通話音量を変更したいときは、通話中に本体左側面の音量ボタンを押して変更します。

好きな着信音に変更する

(1) P.52手順①〜②を参考に「サウンドと触覚」画面を表示し、<着信音>をタップします。

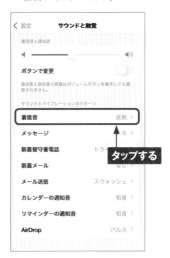

(2) 任意の項目をタップすると、着信音の再生が始まり、選択した項目が着信音に設定されます。<サウンドと触覚>をタップして、もとの画面に戻ります。

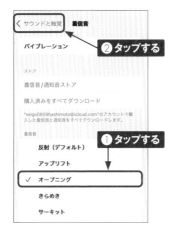

(3) <メッセージ>をタップすると、メッセージ着信時の通知音を変更することができます。

MEMO 着信音を購入する

着信音は購入することもできます。手順②の画面で<着信音/通知音ストア>をタップすると、<iTunes Store>アプリが起動し、着信音の項目に移動します。なお、着信音の購入にはApple ID（Sec.16参照）が必要です。

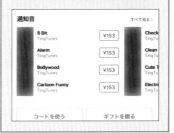

2

📱 消音モードに切り替える

(1) 本体左側面の着信／サイレントスイッチを切り替えて、赤い帯が見える状態にします。

切り替える

(2) iPhoneが消音モードになり、着信音と通知音、そのほかのサウンド効果が鳴らなくなります。

(3) 着信／サイレントスイッチを切り替え、赤い帯が見えない状態にすると、消音モードがオフになります。

MEMO コントロールセンターから設定を切り替える

画面を右上から下方向へスワイプしてコントロールセンターを表示し、●をタップすると「機内モード」、<集中モード>→<おやすみモード>の順にをタップすると「おやすみモード」がオンになります。機内モード利用中は電話やインターネットなどのネットワーク機能がすべてオフになり、おやすみモード利用中は電話やメールの着信や通知がされなくなります。

タップする

基本設定を行う

Apple IDを作成する

Application

Apple IDを作成すると、App StoreやiCloudといったAppleが提供するさまざまなサービスが利用できます。ここでは、iCloudメールを取得しながら、Apple IDを作成する手順を紹介します。

❌ Apple IDを作成する

1 ホーム画面で<設定>をタップします。

タップする

2 「設定」画面が表示されるので、<iPhoneにサインイン>をタップします。「設定」画面が表示されない場合は、画面左上のくを何度かタップします。

設定

iPhoneにサインイン
iCloud, App Storeおよびその他を設定。

機内モード
Wi-Fi
Bluetooth   オン >
モバイル通信   >

タップする

3 <Apple IDをお持ちでないか忘れた場合>→<Apple IDを作成>の順にタップします。

キャンセル   次へ

Apple ID

iCloudおよびその他のAppleのサービスで使用するApple IDでサインインしてください。

タップする

Apple ID メールアドレス

Apple IDをお持ちでないか忘れた場合

Apple IDは、Appleが提供するサービスにアクセスするためのアカウントです。

MEMO すでにApple IDを持っている場合

iPhoneを機種変更した場合など、すでにApple IDを持っている場合は、手順③の画面で「Apple ID」を入力して<次へ>をタップし、「パスワード」を入力したらP.59手順⑮へ進んでください。

4 「姓」と「名」を入力し、生年月日を上下にスワイプして設定します。<次へ>をタップします。

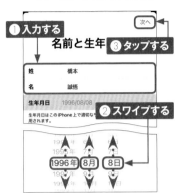

5 <メールアドレスを持っていない場合>をタップします。

6 <iCloudメールアドレスを入手する>をタップします。

7 「メールアドレス」に希望するメールアドレスを入力し、<次へ>をタップします。なお、Appleから製品やサービスに関するメールが不要な場合は、「Appleからのニュースとお知らせ」の⬤をタップして にしておきます。

8 <メールアドレスを作成>をタップします。

9 「パスワード」と「確認」に同じパスワードを入力し、＜次へ＞をタップします。なお、入力したパスワードは、絶対に忘れないようにしましょう。

① 入力する　　② タップする

10 本人確認に使用する電話番号を確認し、＜続ける＞をタップします。

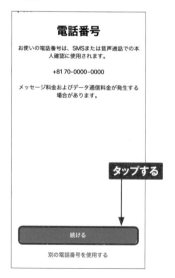

電話番号

お使いの電話番号は、SMSまたは音声通話での本人確認に使用されます。

+81 70-0000-0000

メッセージ料金およびデータ通信料金が発生する場合があります。

タップする

続ける

別の電話番号を使用する

11 「利用規約」画面が表示されるので、内容を確認します。

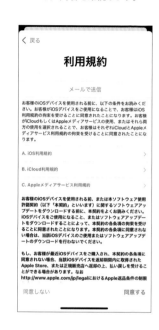

MEMO 本人確認を求められた場合

2ファクタ認証の登録がされていない場合、手順⑨のあとに本人確認を求められるときがあります。その場合は、本人確認のコードを受け取る電話番号を確認して、確認方法を＜SMS＞か＜音声通話＞から選択してタップし、＜次へ＞をタップします。届いた確認コードを入力（SMSは自動入力）すると、自動的に手順⑪の画面が表示されます。

(12) <同意する>をタップします。

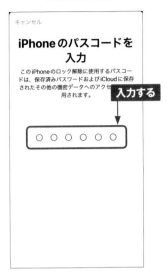

(14) Apple IDが作成されます。パスコードを設定している場合は、パスコードを入力します。

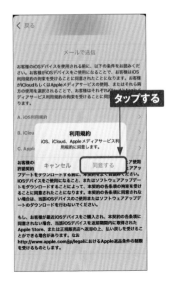

(13) 確認画面が表示されるので、<同意する>をタップします。

(15) 設定が完了します。

3

Apple IDに 支払い情報を登録する

Application

iPhoneでアプリを購入したり、音楽・動画を購入したりするには、Apple IDに支払い情報を設定します。支払い方法は、クレジットカード、キャリア決済から選べます。

Apple IDにクレジットカードを登録する

1 ホーム画面で<設定>をタップします。

タップする

2 自分の名前をタップします。

橋本誠悟
Apple ID、iCloud、メディアと購入

機内モード

Wi-Fi

タップする

3 <支払いと配送先>をタップします。

名前、電話番号、メール
パスワードとセキュリティ
支払いと配送先　　　　　　なし >
サブスクリプション

タップする

4 <お支払い方法を追加>をタップします。

< Apple ID　支払いと配送先　　編集
お支払い方法
お支払い方法を追加
お使いのApple IDで複数のお支払い方法を使用できます。お住まいの国または地域で、ご利用いただけるお支払い方法をご確認ください。
配送先住所

タップする

MEMO　支払い用のApple IDを登録する

すでにiPadなどのApple製品を使っていて、支払いにApple IDを登録している場合は、そのApple IDを登録すると、支払いを一本化できて便利です。iTunes StoreやApp Storeに登録するApple IDは、Sec.16で設定したApple IDと違っていても問題ありません。支払い用のApple IDの登録は、「ホーム」画面で<App Store>→⊙→<サインアウト>→<サインイン>の順にタップし、支払い用のApple IDとパスワードを入力してサインインします。

(5) <クレジット／デビットカード>を
タップします。

(6) カード番号、有効期限、セキュリ
ティコードを入力したら、画面を上
方向にスワイプします。

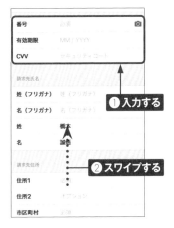

(7) 請求先氏名を入力します。

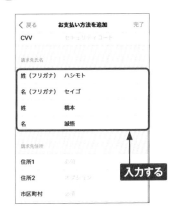

(8) 請求先住所を入力し、<完了>
をタップします。

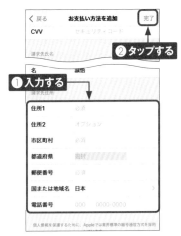

App Store&iTunesギフトカードを利用するには

支払いにクレジットカードではなく、App Store&iTunesギフトカードを利用する場合は、ホーム画面で<App Store>をタップし、◉→<ギフトカードまたはコードを使う>の順にタップして、画面に従って登録します。

Application

ドコモメールを設定する

ドコモのキャリアメールを利用するには、ドコモメールの設定を行う必要があります。設定はすべてWi-Fi接続をオフにした状態で行います。

❎ ドコモメールを設定する

1 ホーム画面で◎をタップします。

タップする

2 ◻をタップします。

> 過去7日間で、Safariでは0件のトラッカーによるプロファイリングが阻止され、あなたのIPアドレスは既知のトラッカーに対して非公開になりました。

リーディングリスト

リーディングリストを使うと、Webページやリンクを集めてあとで読むことができます。"共有"ボタンをタップして現在のページを○ます。

タップする

Q 検索/Webサイト名入力

3 <My docomo（お客様サポート）>をタップします。

	ブックマーク	完了
◻	∞	⊘

☆ お気に入り

◻ iPhoneユーザガイド

◻ dメニュー — タップする

◻ dマーケット

◻ My docomo（お客様サポート）

編集

4 <設定>→<iPhoneドコモメール利用設定>→<ドコモメール利用設定サイト>の順にタップします。

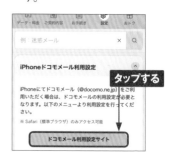

データ・料金 ご契約内容 お手続き 設定 お◻ク

例：迷惑メール ✕ Q

iPhoneドコモメール利用設定 ⌃

タップする

iPhoneにてドコモメール（@docomo.ne.jp）をご利用いただく場合は、ドコモメールの利用設定が必要となります。以下のメニューより利用設定を行ってください。

※ Safari（標準ブラウザ）のみアクセス可能

ドコモメール利用設定サイト

5 dアカウントのIDを入力し、＜次へ進む＞をタップします。

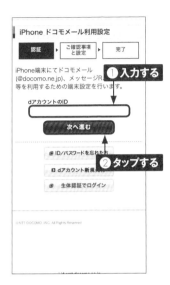

iPhone ドコモメール利用設定

認証 ▶ ご確認事項と設定 ▶ 完了

iPhone端末にてドコモメール
(@docomo.ne.jp)、メッセージR
等を利用するための端末設定を行います。 **①入力する**

dアカウントのID

［　　　　　　　　　　　　　］

次へ進む

②タップする

🔗 ID/パスワードを忘れた方
🔗 dアカウント新規発行
🔗 生体認証でログイン

©NTT DOCOMO, INC. All Rights Reserved

6 パスワードとSMSで送られてきたセキュリティコードを入力し、＜次へ進む＞をタップします。

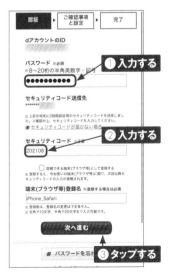

認証 ▶ ご確認事項と設定 ▶ 完了

dアカウントのID

パスワード ※必須
※8〜20桁の半角英数字・記号 **①入力する**

［●●●●●●●●●●］

セキュリティコード送信先
＊＊＊＊＊＊＊

※ 上記の宛先に2段階認証用のセキュリティコードを送信しました。ご確認の上、セキュリティコードを入力してください。
🔗 セキュリティコードが届かない場合

セキュリティコード ※必須 **②入力する**

［202108］

☐ 信頼できる端末(ブラウザ等)として登録する
※ 登録すると、今お使いの端末(ブラウザ等)に限り、次回以降セキュリティコードの入力が省略されます。

端末(ブラウザ等)登録名 ※登録する場合は必須

［iPhone_Safari］

※ 登録後は、登録名の変更はできません。
※ 全角で10文字、半角で20文字まで入力可能です。

次へ進む

🔗 パスワードを忘れ **③タップする**

7 ＜ドコモメール利用設定を行う際のご注意事項＞をタップして注意事項を確認します。確認後、＜次へ＞をタップします。

iPhone ドコモメール利用設定

認証 ▶ ご確認事項と設定 ▶ 完了

設定対象のメールアドレスは以下となります。
　　　　　　　　@docomo.ne.jp

🔗 ドコモメール利用設定を行う際のご注意事項

ご注意事項をご確認いただき「次へ」をタップ
してください。「次へ」をタップすると、
iPhone端末の設定にてドコモメール **タップする**
ただくためのプロファイルのインス
きます。

▶ 次へ

8 ＜許可＞をタップします。

この Web サイトは構成プロファイルをダウンロードしようとしています。許可しますか？

　　　　　　　無視　　許可

タップする

9 ＜閉じる＞をタップします。

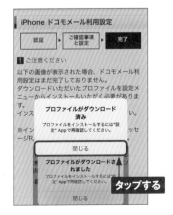

iPhone ドコモメール利用設定

認証 ▶ ご確認事項と設定 ▶ 完了

❗ご注意ください

以下の画像が表示された場合、ドコモメール利
用設定はまだ完了しておりません。
ダウンロードいただいたプロファイルを設定メ
ニューからインストールいただく必要がありま
す。
イン

プロファイルがダウンロード済み

プロファイルをインストールするには"設
定" Appで再確認してください。 ッセ

閉じる

プロファイルがダウンロードされました

プロファイルをインストールするには
定" Appで再確認してください。 **タップする**

閉じる

3

63

(10) ホーム画面に戻り、＜設定＞を
タップします。

タップする

(11) ＜プロファイルがダウンロード済
み＞をタップします。

設定

橋本誠悟
Apple ID、iCloud、メディアと購入 >

プロファイルがダウンロード済み >

✈️ 機内モード

🛜 Wi-Fi   タップする

🔵 Bluetooth   オン >

📶 モバイル通信   >

📡 インターネット共有   オフ >

🔔 通知   >

🔊 サウンドと触覚   >

🌙 集中モード   >

⏳ スクリーンタイム   >

(12) ＜インストール＞をタップします。

キャンセル **プロファイルをイン…** インストール

⚙️ iPhone利用設定 ver.4.33
docomo

タップする

署名者 未署名
説明 ドコモメール、メッセージR、メッセージSを利
用するための端末設定とドコモの各サービスのシ
ョートカットをホーム画面に追加します。

内容 メールアカウント: 2
Webクリップ: 21

詳細 >

アカウント >

ダウンロード済みプロファイルを削除

(13) パスコードを設定している場合は、
パスコードの入力画面が表示され
ます。パスコードを入力します。

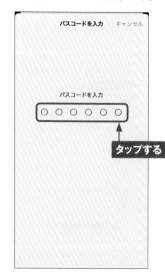

パスコードを入力   キャンセル

パスコードを入力

○ ○ ○ ○ ○ ○

タップする

14 「警告」画面が表示されたら、<インストール>をタップします。

15 <インストール>をタップします。

16 ドコモメールの設定が完了します。<完了>をタップします。

17 「プロファイル」画面が表示され、構成プロファイルがインストールされたことが確認できます。

3

ドコモメールの通知方法を設定する

1 ホーム画面で<設定>をタップします。

タップする

2 <通知>をタップします。

タップする

3 <メール>をタップします。

タップする

4 <通知をカスタマイズ>をタップします。

タップする

5 <ドコモメール>をタップします。

タップする

6 「通知」の ◯ をタップして、 ◯◯ にすると通知がオンになります。

タップする

ドコモメールのメールボックスを設定する

1 ホーム画面で<設定>をタップします。

タップする

2 <メール>をタップします。

設定
パスワード >
メール >
連絡先 >
カレンダー >
メモ >
リマインダー >
ボイスメモ >
電話 >

タップする

3 <アカウント>をタップします。

< 設定　　メール
"メール"にアクセスを許可
Siri と検索
通知 バナー、バッジ
モバイルデータ通信
アカウント　3 >
メッセージリスト
プレビュー　2行 >
TO/CC ラベルを表示

タップする

4 <ドコモメール>をタップします。

< メール　　アカウント
アカウント
iCloud iCloud Drive、iCloud メール、連絡先とその他9項目... >
ドコモメール メール、メモ >
メッセージ R/S メール >
アカウントを追加 >
データの取得方法　プッシュ >

タップする

5 <アカウント>をタップします。

< アカウント　　ドコモメール
IMAP
アカウント　@docomo.n... >
メール
メモ
これらの設定はプロファイル "iPhone 利用設定" によってインストールされています

タップする

3

⑥ <詳細>をタップします。

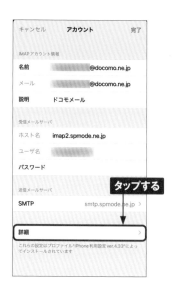

⑧ <Sent>をタップしてチェックを付け、<詳細>をタップします。

⑦ <送信済メールボックス>をタップします。

⑨ <削除済メールボックス>をタップします。

(10) <Trash>をタップしてチェックを付け、<詳細>をタップします。

(11) <アカウント>をタップします。

(12) <完了>をタップします。

MEMO デフォルトアカウントをドコモメールに設定する

ドコモメールをデフォルトアカウントに設定すると、メールボックスを開いた状態で新規メッセージを作成した場合、ドコモメールのアドレスが自動的に「差出人」に設定されるようになります（P.98参照）。デフォルトアカウントを設定するには、ホーム画面で<設定>をタップし、<メール>→<デフォルトアカウント>の順にタップして、<ドコモメール>をタップします。

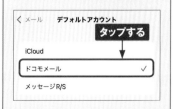

❌ ドコモメールのメールアドレスを変更する

1 ホーム画面で⊘をタップします。

タップする

2 ⊡をタップします。

リーディングリスト

リーディングリストを使うと、Webページやリンクを集めてあとで読むことができます
タップする

Q 検索/Webサイト名入力

3 <My docomo（お客様サポート）>をタップします。

ブックマーク　　　完了

☆ お気に入り
⊡ iPhone ユーザガイド
⊡ dメニュー　　　　タップする
⊡ dマーケット
⊡ My docomo（お客様サポート）

編集

4 <設定>→<メール設定（迷惑メール / SMS対策など）>→<設定を確認・変更する>の順にタップします。

例：迷惑メール

メール設定（迷惑メール/SMS対策など）

迷惑メール対策やメールに関する設定・確認が行えます。

設定を確認・変更する

Wi-Fiサービスの確認・設定　　　タップする

迷惑電話ストップサービス

すべてのメニュー

メール

メール設定

5 dアカウントパスワードの入力を求められた場合は、パスワードを入力して、<パスワード確認>をタップします。<メール設定内容の確認>→<メールアドレスの変更>の順にタップします。

メールアドレス ＊＊＊＊＊＊＊＊＊＊@docomo.ne.jp
タップする

| メール設定確認

メールアドレスや迷惑メール対策の設定を確認できます。

メール設定内容の確認　　　＞

| iPhone初期設定

iPhoneでメールをご利用になる際の初期設定を自動で行います。

iPhone初期設定　　　＞

| 迷惑メール/SMS対策

迷惑メールおまかせブロックの設定ができます。

迷惑メールおまかせブロック設定　　　＞

6 <継続する>をタップし、<次へ>をタップします。

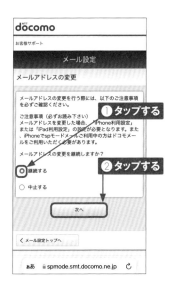

① タップする

② タップする

8 希望するアドレスの設定内容を確認し、<設定を確定する>をタップします。修正したい場合は<修正する>をタップして修正します。

タップする

7 <自分で希望するアドレスに変更する>をタップします。希望するアドレスを入力し、<確認する>をタップします。

① タップする

② 入力する

③ タップする

9 メールアドレスの変更が完了し、メールアドレスが表示されます。<次へ>をタップし、プロファイルを再インストールします（P.63手順⑦～ P.69手順⑫参照）。

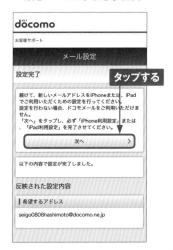

タップする

Application

Wi-Fiを利用する

Wi-Fi（無線LAN）を利用してインターネットに接続しましょう。ほとんどのWi-Fiにはパスワードが設定されているので、Wi-Fi接続前に必要な情報を用意しておきましょう。

Wi-Fiに接続する

1 ホーム画面で＜設定＞→＜Wi-Fi＞の順にタップします。

2 「Wi-Fi」が ◯ であることを確認し、利用するネットワークをタップします。

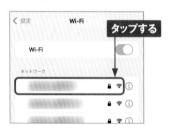

3 接続に必要なパスワードを入力し、＜接続＞をタップします。

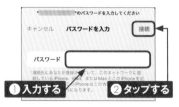

4 接続に成功すると右上に 🛜 が表示され、接続したネットワーク名に✓が表示されます。

MEMO d Wi-Fiに接続する

d Wi-Fiのサービスエリアでは、dポイントクラブ会員なら無料で利用できる公衆Wi-Fiサービス「d Wi-Fi」が利用できます。詳細は、「https://www.nttdocomo.co.jp/service/d_wifi」を参照してください。

✕ 手動でWi-Fiを設定する

① P.72手順②で一覧に接続する ネットワーク名が表示されないとき は、<その他>をタップします。

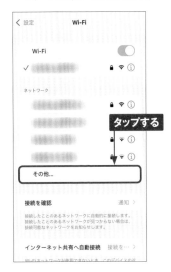

② ネットワーク名（SSID）を入力し、 <セキュリティ>をタップします。

③ 設定されているセキュリティの種 類をタップして、<戻る>をタップ します。

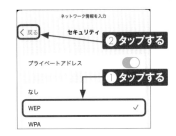

④ パスワードを入力し、<接続>を タップすると、Wi-Fiに接続されま す。

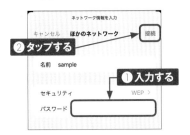

MEMO プライベートアドレス

プライバシーリスク軽減のため、 標準では各Wi-Fiネットワーク で、ランダムに割り振られた個 別のWi-Fi MACアドレス（プラ イベートアドレス）を使用します。 プライベートアドレスをオフにす るには、手順①の画面で、ネット ワーク名の右の ⓘ をタップし、 <プライベートアドレス>をタッ プします。

y

z

w

v

u

t

s

73

アプリの位置情報

iPhoneでは、GPSやWi-Fiスポット、携帯電話の基地局などを利用して現在地の位置情報を取得することができます。その位置情報をアプリ内で利用するには、アプリごとに許可が必要です。アプリの起動時や使用中に位置情報の利用を許可するかどうかの画面が表示された場合、<Appの使用中は許可>または<1度だけ許可>をタップすることで、そのアプリ内での位置情報の利用が可能となります。

位置情報を利用することで、Twitterで自分の現在地を知らせたり、Facebookで現在地のスポットを表示したりと、便利に活用することができます。しかし、うっかり自宅の位置を送信してしまったり、知られたくない相手に自分の居場所が知られてしまったりすることもあります。注意して利用しましょう。

なお、アプリの位置情報の利用許可はあとから変更することもできます。ホーム画面から<設定>→<プライバシー>→<位置情報サービス>の順にタップするとアプリごとになし/次回確認/このAppの使用中のみ許可の中から変更できるので、一度設定を見直しておくとよいでしょう。

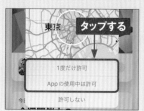

アプリ内で位置情報を求められた例です。<Appの使用中は許可>または<1度だけ許可>をタップすると、アプリ内で位置情報が利用できるようになります。

<Twitter>アプリで位置情報の利用を許可した場合、新規ツイートを投稿する際に、位置情報がタグ付けできるようになります。

ホーム画面から<設定>→<プライバシー>→<位置情報サービス>の順にタップして、変更したいアプリをタップし、<なし>をタップすると、位置情報の利用をオフにできます。また、<正確な位置情報>をオフにすると、おおよその位置情報が利用されます。

メール機能を利用する

Application

メッセージを利用する

iPhoneの＜メッセージ＞アプリではSMSやiMessageといった多彩な方法でメッセージをやりとりすることができます。ここでは、それぞれの特徴と設定方法、利用方法を解説します。

◤ メッセージの種類

SMS（Short Message Service）は、電話番号宛にメッセージを送受信できるサービスです。1回の送信には別途通信料がかかります。

iMessageは、iPhoneの電話番号やApple IDとして設定したメールアドレス宛にメッセージを送受信できます。iMessageはiPhoneやiPad、iPod touchなどのApple製品との間でテキストのほか写真や動画などもやりとりすることができます。また、パケット料金は発生しますが（定額コースは無料）、それ以外の料金はかかりません。Wi-Fi経由でも利用できます。

＜メッセージ＞アプリは、両者を切り替えて使う必要はなく、連絡先に登録した内容によって、自動的にSMSとiMessageを使い分けてくれます。

●SMS

「宛先」に電話番号を入力するとSMSになります。テキストと絵文字が使え、auやソフトバンクといった他キャリアの携帯電話とも送受信ができます。なおSMSの利用には別途料金がかかります。

●iMessage

iMessageではiPhoneの電話番号もしくは、Apple IDとして設定したメールアドレスとやりとりが行えます。SMSと区別がつくよう、吹き出しも青く表示されます。また、写真や動画、音声なども送信することが可能です。

✕ SMSのメッセージを送信する

① ホーム画面で◯をタップします。

タップする

② <メッセージ>アプリが起動するので、☑をタップします。

編集

メッセージ

Q 検索

タップする

③ 宛先に送信先の携帯電話番号を入力し、本文入力フィールドに本文を入力します。最後に◯をタップすると、SMSのメッセージが送信されます。

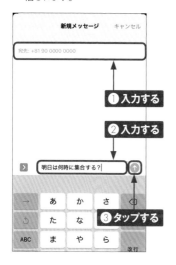

④ 画面左上の〈をタップします。

タップする

⑤ やりとりがメッセージや電話番号ごとに分かれて表示されています。

編集

メッセージ

Q 検索

+81 90 0000 0000　　18:04 >
明日は何時に集合する?

MEMO SMSとiMessageの見分け方

相手がApple製品以外の場合は、手順③の入力フィールドに「SMS/MMS」と表示されますが、Apple製品の場合は、「iMessage」と表示されます。

✕ SMSのメッセージを受信する

① 画面にSMSの通知のバナーが表示されたら（通知設定による）、バナーをタップします。

タップする

④

② SMSのメッセージが表示されます。

③ 本文入力フィールドに返信内容を入力して、①をタップすると、すぐに返信できます。

❶入力する

❷タップする

MEMO 画面ロック中に受信したとき

iPhoneがスリープ中にSMSのメッセージを受信すると、ロック画面に通知が表示されます。通知をタップし、<開く>をタップすると、手順②の画面が表示されます。

タップする

✕ iMessageを設定する

(1) ホーム画面で＜設定＞をタップします。

タップする

(2) ＜設定＞アプリが起動するので、＜メッセージ＞をタップします。

設定	
🔑 パスワード	>
✉️ メール	>
👤 連絡先	>
📅 カレンダー	>
📝 メモ	>
⋮ リマインダー	>
🎙 ボイスメモ	>
📞 電話	>
⬜ メッセージ	>
📷 FaceTime	>
🧭 Safari	>
📈 株価	>
⛅ 天気	>
	報知

タップする

(3) 「iMessage」が ⬤ であることを確認したら、＜送受信＞をタップします。

確認する

タップする

(4) ＜iMessageにApple IDを使用＞をタップします。

タップする

4

79

⑤ <サインイン>をタップします。

⑦ 「新規チャットの発信元」内の連絡先（電話番号かメールアドレス）をタップしてチェックを付けると、その連絡先がiMessageの発信元になります。

⑥ iMessage着信用の連絡先情報欄で、利用したい電話番号やメールアドレスをタップしてチェックを付けます。

別のメールアドレスを追加する

MEMO

iMessageの着信用連絡先に別のメールアドレスを追加したい場合は、P.79手順②の画面で上部の<自分の名前>→<名前、電話番号、メール>→<編集>→<メールまたは電話番号を追加>→<メールアドレスを追加>の順にタップします。追加したいメールアドレスを入力し、キーボードの<return>をタップすれば、メールアドレスが追加されます。

4

◪ iMessageを利用する

1 ホーム画面で◯をタップし、☑を
タップします。

2 宛先に相手のiMessage受信用
の電話番号やメールアドレスを入
力し、本文入力フィールドをタップ
します。このときiMessageのやり
とりが可能な相手の場合、本文
入力フィールドに「iMessage」
と表示されます。

3 本文を入力し、⬆をタップします。

4 iMessageで送信されると、吹き
出しが青く表示されます。相手か
らの返信があると、同様に吹き出
しで表示されます。

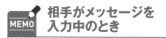

MEMO 相手がメッセージを入力中のとき

相手がメッセージを入力している
ときは、••• が表示されます。

4

メッセージを削除する

1 P.77手順①を参考に<メッセージ>アプリを起動し、メッセージ一覧から、削除したい会話をタップします。

2 メッセージをタッチして、<その他...>をタップします。

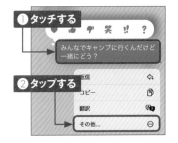

3 削除したいメッセージの○をタップして✓にし、🗑をタップします。

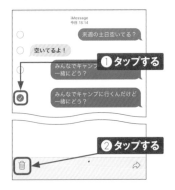

4 <メッセージを削除>をタップします。

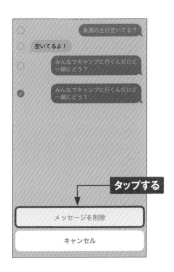

5 メッセージが削除されました。なお、この操作は自分のメッセージウインドウから削除するだけで、相手には影響がありません。

✕ メッセージを転送する

1 P.82手順①を参考に転送したいメッセージがある会話をタップし、メッセージ画面を表示します。

2 転送したいメッセージをタッチして、<その他...>をタップします。

3 転送したいメッセージの ○ をタップして ✓ にし、↬をタップします。

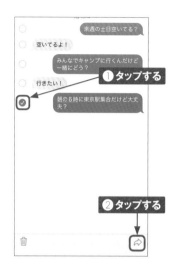

4 宛先に転送先の電話番号やメールアドレスを入力します。さらに追加したいメッセージがあれば、本文入力フィールドに入力することもできます。最後に ⬆ をタップすると、転送されます。

受信したメッセージから連絡先を新規作成する

1 メッセージ一覧から、連絡先に登録したいやりとりをタップします。

2 👤をタップします。

3 メニューが表示されるので、＜情報＞をタップします。

4 ＜新規連絡先を作成＞をタップします。

5 電話番号かメールアドレスがあらかじめ入力された状態で「新規連絡先」画面が表示されます。連絡先情報を入力し、＜完了＞をタップすると登録完了です。

✕ メッセージを検索する

① P.77手順①を参考に＜メッセージ＞アプリを起動し、検索フィールドをタップします。共有された写真やリンクがある場合は、下部に表示されます。

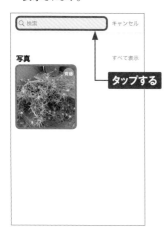

② 検索したい文字を入力して、＜検索＞をタップし、検索結果をタップします。

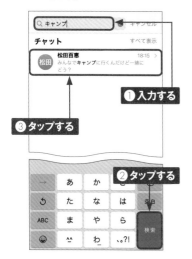

③ 検索した文字を含むメッセージが表示されます。

MEMO メッセージから予定を作成する

メッセージの中に時間や月日に関する言葉があるとき、下線が引かれることがあります。下線の引かれた言葉をタッチし、＜イベントを作成＞をタップすると、カレンダーに予定を追加することができます。

iMessageの
便利な機能を使う

<メッセージ>アプリでは、音声や位置情報をスムーズに送信できる便利な機能が利用できます。なお、それらの機能を利用できるのは、iMessageが利用可能な相手のみとなります。

🔷 音声をメッセージで送信する

① <メッセージ>アプリでiMessageを利用中に、🎤をタッチします。

③ 音声をそのまま送信する場合は、⬆をタップします。▶をタップすると、録音したメッセージが再生されます。✕をタップすると、キャンセルできます。

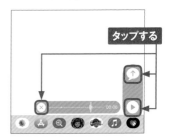

② 音声の録音が開始されます。画面をタッチしている間、録音されます。録音が完了したら指を離します。

④ 音声が送信されます。

◪ メッセージで利用できる機能

メッセージでは、iMessageに対応したアプリやメッセージ効果を利用して、メッセージを装飾することができます。

●各ボタンの機能

❶写真を撮影して送信できます（P.94参照）。

❷❸～❾のアイコンの表示／非表示を切り替えます。

❸メッセージに写真や動画を添付できます（P.93参照）。

❹iMessages App Storeが開き、iMessage対応アプリをダウンロードできます。

❺GIF画像の検索と送信ができます。

❻ミー文字の作成と送信ができます（P.90参照）。

❼ステッカーを送信できます。

❽＜ミュージック＞アプリ（Sec.36～37参照）で最近聞いた曲を共有できます。

❾Digital Touchを使ってスケッチのアニメーション、タップ、キス、ハートビートなどを送信できます。

4

●メッセージに効果を加える

メッセージを入力し、❶をタッチするとエフェクトが表示されます。エフェクトには、「吹き出し」と「スクリーン」の2タイプがあります。

●手書きメッセージを送信する

iPhoneを横向きにしてキーボードの ⟲ をタップすると、手書き文字の入力画面になります。画面をなぞることで文字を書けます。

◤ 位置情報をメッセージで送信する

① ＜メッセージ＞アプリでiMessage を利用中に、相手の名前をタップ します。

② ＜現在地を送信＞をタップしま す。位置情報に関する項目が表 示されたら＜Appの使用中は許 可＞をタップして、＜メッセージ＞ アプリの使用を許可します （P.74MEMO参照）。

③ 位置情報が送信されます。タップ すると、「現在地」画面が表示さ れ、そこで地図をタップすると、 全画面で地図が表示され、より 詳細に周辺の地図を確認するこ とができます。

MEMO リアクションを送る

相手のメッセージをタッチする と、上部にTapbackが現れます。 リアクションのアイコンをタップ して送信します。

✕ メッセージをピン留めする

① メッセージ一覧でピン留めしたい メッセージを右方向にスワイプし、📌をタップします。

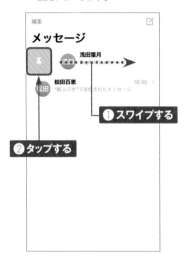

③ <ピンを編集>をタップします。

② 画面上部にメッセージがピン留め されます。ピン留めの編集をした いときは、<編集>をタップしま す。

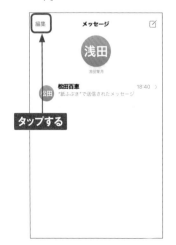

④ ピンを削除するときは、➖をタップ します。編集が完了したら、<完 了>をタップします。この画面で ➕をタップすることでも、メッセー ジのピン留めができます。

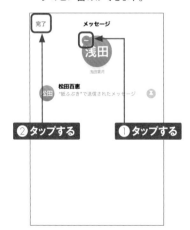

4

⬛ 表情を表すスタンプを送信する

① <メッセージ>アプリでiMessage を利用中に、⬤をタップします。

② 初回は<続ける>をタップし、⊕ をタップします。

③ <はじめよう>をタップします。

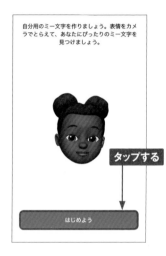

④ 画面上部のプレビューで確認しながら、肌やヘアスタイルなどの色や種類を選択します。左方向にスワイプすると、それぞれ変更が可能です。

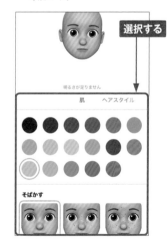

5 作成が終わったら、<完了>をタップします。

6 ミー文字を作成すると、P.90手順②の画面に作成したミー文字が表示されるようになります。

7 作成したミー文字を送信するときは、iPhoneをまっすぐ覗き込み、●をタップし、録画します。なお、録画時間は最長で30秒です。

8 録画が終わったら ■ をタップし、● をタップして送信します。なお、録画を撮り直す場合は、🗑 をタップします。

9 ミー文字で録画したスタンプが送信されます。

> **MEMO** アニ文字とミー文字
>
> アニ文字は、動物などのキャラクターを自分の声で話させたり、表情を変えたりして利用できるスタンプです。また、ミー文字はアニ文字のキャラクターをカスタマイズし、自分に似せて利用できるスタンプです。

4

◪ グループ iMessageを利用する

●グループ iMessageを送受信する

① グループ iMessageは、P.81手順②の画面で宛先に2人以上のiMessage受信用の電話番号やメールアドレスなどを入力して始めます。

② グループ iMessageでは、メッセージに名前を入力し、名前部分をタップしてアイコンをタップすると、メンションできます。

③ 特定のメッセージに返信したいときは、返信したいメッセージをタッチし、<返信>をタップして、返信メッセージを入力したら◑をタップして送信します。

●グループ iMessageを編集する

① グループ iMessageを利用中に画面上部の<○人>をタップし、<名前と写真を変更>をタップします。

② グループ名を入力し、グループ写真を変更したいときは◎をタップします。

③ 写真をタップして選択し、<選択>→<完了>→<完了>→<完了>の順にタップします。

写真や動画をメッセージに添付する

① P.81を参考にiMessageを作成します。作成が終わったら、🅐 → 💮 の順にタップします。

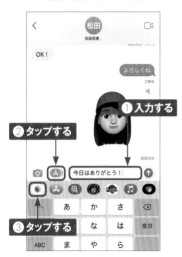

② 添付する写真や動画をスワイプして選択し、タップします。添付が完了すると、メッセージ欄にプレビューが表示されます。⬆をタップして、メッセージを送信します。

③ 写真が添付されたメッセージが送信されました。

> **MEMO ほかのアプリで共有されたコンテンツを確認する**
>
> 受信した写真やリンクは、ほかのアプリから確認することができます。写真は、＜写真＞アプリのライブラリや、「For You」の「あなたと共有」セクション、「メモリー」と「おすすめの写真」に表示されます。Webページのリンクは、Safariのスタートページの「あなたと共有」セクションに自動的に表示されます。

4

🖼 写真を撮影して送信する

(1) iMessageの作成画面で 📷 を
タップすると、<カメラ>アプリが
起動します。

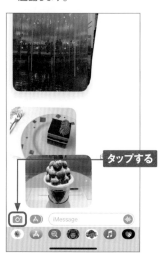

タップする

(2) 撮りたいものにフレームを合わせ
て、◯をタップします。

タップする

(3) <完了>をタップすると、メッセー
ジを付けて送ることができます。な
お、◉をタップすると、画像のみ
送信されます。

タップする

MEMO 送信時にLive Photos をオフにする

手順②の画面で◉をタップする
と、Live Photos（P.163参照）
をオフにして写真を送信できま
す。

タップする

⊠ 写真のコレクションを表示する

(1) iMessageで4枚以上の写真が同時に送られてくると、フォトスタックにグループ化されます。

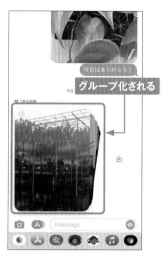

(3) ⊡ をタップすると、写真をiPhone内に保存できます。

(2) フォトスタックを左右にスワイプすることでそれぞれの写真を閲覧できます。また、写真をタップすると拡大表示されます。

MEMO 自動コラージュ

2〜3枚の写真を同時に受信した場合は、自動的に写真がコラージュされた状態で表示されます。なお、自分が複数の写真を送信した場合は、写真のコラージュやグループ化は行われません。

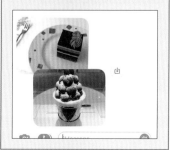

4

Application

メールを利用する

iPhoneでは、ドコモメール（@docomo.ne.jp）を＜メール＞アプリで使用することができます。初期設定では自動受信になっており、携帯メールと同じ感覚で利用できます。

メールアプリで受信できるメールと「メールボックス」画面

iPhoneの＜メール＞アプリでは、ドコモメール以外にもiCloudやGmailなどさまざまなメールアカウントを登録して利用することができます。複数のメールアカウントを登録している場合、「メールボックス」画面（P.97手順④参照）には、下の画面のようにメールアカウントごとのメールボックスが表示されます。なお、メールアカウントが1つだけの場合は、「全受信」は「受信」と表示されます。
複数のメールアカウントを登録した状態でメールを新規作成すると、差出人には最初に登録したメールアカウント（デフォルトアカウント）のアドレスが設定されていますが、変更することができます（P.98手順③〜④参照）。デフォルトアカウントは、P.112手順③の画面で、画面最下部の＜デフォルトアカウント＞をタップすることで、切り替えることができます。

❶タップすると、すべてのアカウントの受信メールをまとめて表示することができます。

❷タップすると、各アカウントの受信メールを表示することができます。

❸タップすると、VIP リストに追加した連絡先からのメールを表示することができます（P.100参照）。

❹各アカウントのメールボックスです。アカウント名をタップして、メールボックスの表示／非表示を切り替えることができます。＜受信＞をタップすると、❷のアカウント名をタップしたときと同じ画面が表示されます。

✉ メールを受信する

① 新しいメールが届くと、＜メール＞アプリへの着信が表示されます。＜メール＞をタップします。

② 初回は「メールプライバシー保護」画面が表示されるので、＜"メール"でのアクティビティを保護＞または＜"メール"でのアクティビティを保護しない＞をタップし、＜続ける＞をタップします。

③ メールアカウントの「全受信」画面が表示された場合は、画面左上の＜をタップします。

④ 受信を確認したいメールアドレスを「メールボックス」の中からタップします。ここでは、＜iCloud＞をタップしています。

⑤ 読みたいメールをタップします。メールの左側にある●は、そのメールが未読であることを表しています。

4

⑥ メールの本文が表示されます。画面左上の＜受信＞をタップし、画面左上の＜iCloud＞をタップすると、「メールボックス」画面に戻ります。

✖ メールを送信する

1 P.97手順④で画面下部の ✎ を
タップします。

2 「宛先」に、送信したい相手のメー
ルアドレスを入力し、<Cc/Bcc、
差出人>をタップします。

3 <差出人>をタップします。

4 使用したいメールアドレスをタップ
して 選 択 します。ここでは@
icloud.comのメールアドレスを選
択しています。

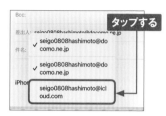

5 <件名>をタップし、件名を入力
します。入力が終わったら、本文
の入力フィールドをタップします。

6 本文を入力し、画面右上の ↑ を
タップします。これで、送信が終
了しました。

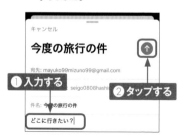

✉ メールを返信する

① メールを返信したいときは、P.97 手順⑥で、画面下部にある⮜をタップします。

③ 本文入力フィールドをタップし、メッセージを入力します。本文の入力が終了したら、⬆をタップします。相手に返信のメールが届きます。

② <返信>をタップします。

4

MEMO　メールを転送する

手順②で<転送>をタップして宛先を入力し、⬆をタップすると、メールを転送できます。

Section **23**

Application

メールを活用する

<メール>アプリでは、特定の連絡先をVIPリストに追加しておくと、その連絡先からのメールをVIPリスト用のメールボックスに保存できます。また、メール作成中に写真や動画を添付できます。

❎ VIPリストに連絡先を追加する

① ホーム画面で<メール>をタップし、「メールボックス」画面で、<VIP>をタップします。

③ VIPリストに追加したい連絡先をタップします。

② <VIPを追加>をタップします。2回目以降は、P.101手順③の<VIP>の右のⓘをタップして、<VIPを追加>をタップします。

④ タップした連絡先がVIPリストに追加されました。

✕ VIPリストの連絡先からメールを受信する

1 VIPリストの連絡先からメールを受け取ると、バナーが表示されます。

2 P.97を参考にメールを表示すると、差出人名に★が表示されています。

3 受け取ったメールは、「メールボックス」画面の<VIP>をタップするとかんたんに閲覧できます。

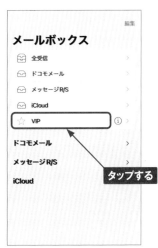

MEMO VIPリストから連絡先を削除する

手順③の<VIP>の右のⓘをタップし、<編集>をタップします。VIPリストから削除したい連絡先の●→<削除>の順にタップすると、VIPリストから連絡先を削除できます。

4

🖼 写真や動画をメールに添付する

1 ホーム画面で<メール>をタップします。

タップする

2 画面右下の☑をタップします。

編集

メールボックス

📭 全受信	>
📩 ドコモメール	>
📩 メッセージR/S	>
📩 iCloud	>
☆ VIP	>

ドコモメール	>
メッセージR/S	>
iCloud	>

タップする

アップデート: たった今

3 宛先や件名、メールの本文内容を入力したら、本文入力フィールドをタップして選択し、🖼をタップします。

❶入力する

キャンセル

お花をありがとう！ ↑

宛先: 浅田葉月 ⊕

Cc/Bcc, 差出人: seigo0808hashimoto@icloud.com

件名: お花をありがとう！

さっそく飾ってみたよー|

iPhoneから送信

❷タップする

MEMO Live PhotosをApple 機器以外に送るときの制限

Live Photos(P.163参照)は、基本的にはiPhoneやiPad、MacなどのApple機器でないと再生ができません。AndroidスマートフォンやWindowsパソコンなどで開いた場合、普通の写真として表示されるので、Apple機器以外の端末に送るときは注意しましょう。

④ 一覧表示されている写真の部分を上方向にスワイプします。

⑤ 添付したい写真をタップし、×をタップします。

⑥ 写真が添付できました。↑をタップします。

⑦ 写真を添付する際、サイズを変更するメニューが表示されたら、サイズをタップして選択すると、メールが送信されます。

MEMO

動画を添付する際の注意

手順⑤で動画を選択した場合、ファイルサイズを小さくするために圧縮処理が行われます。ただし、いくら圧縮できるといっても、もとの動画のサイズが大きければ、圧縮後のファイルサイズも大きくなります。また、メールの種類によって添付できるファイルサイズに上限があるので、大容量の動画を添付する場合は注意しましょう。

4

■ テキストフォーマットツールを利用する

1 P.98を参考にメールの件名と本文を入力し、書式設定したい箇所をタップしてカーソルを置きます。

2 Aaをタップします。

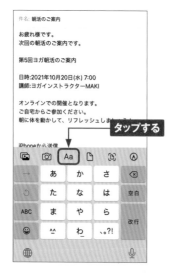

3 画面下のキーボードが「フォーマット」の書式設定画面に切り替わります。設定したい書式をタップします。ここでは、≡（中央揃え）をタップします。

4 カーソルを置いた行に中央揃えが設定されます。×をタップすると、「フォーマット」の書式設定画面からキーボードに戻ります。

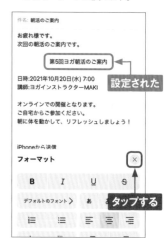

⬤ テキストフォーマットツールでできる機能

●箇条書き

第5回ヨガ朝活のご案内

● 日時:2021年10月20日(水) 7:00

1. 講師:ヨガインストラクターMAKI

オンラインでの開催となります。

対象としたいテキストを選択し、≡ をタップすると、箇条書きの書式に設定されます。≡ をタップすると「・」ではなく番号付きによる箇条書きになります。

●カラー

第5回ヨガ朝活のご案内

日時:2021年10月20日(水) 7:00
講師:ヨガインストラクターMAKI

オンラインでの開催となります。
ご自宅からご参加ください。
朝に体を動かして、リフレッシュしましょう!

対象としたいテキストを選択し、● をタップすると、「カラーパレット」が表示されます。任意のカラーをタップするとテキストに色が付きます。

●インデント

第5回ヨガ朝活のご案内

日時:2021年10月20日(水) 7:00
講師:ヨガインストラクターMAKI

　オンラインでの開催となります。
ご自宅からご参加ください。
朝に体を動かして、リフレッシュしましょう!

対象としたいテキストを選択し、⋅≡ をタップすると、インデントが設定されます。≡⋅ をタップすると、インデントが解除されます。

●太字

第5回ヨガ朝活のご案内

日時:2021年10月20日(水) 7:00
講師:ヨガインストラクターMAKI

オンラインでの開催となります。
ご自宅からご参加ください。

対象としたいテキストを選択し、**B** をタップすると、太字に設定されます。太字に設定されたテキストを選択し、もう一度**B**をタップすると太字が解除されます。

●取り消し線

第5回ヨガ朝活のご案内

日時:2021年10月20日(水) 7:00
~~講師:ヨガインストラクターMAKI~~

オンラインでの開催となります。
ご自宅からご参加ください。
朝に体を動かして、リフレッシュしましょう!

対象としたいテキストを選択し、S をタップすると、取り消し線が設定されます。取り消し線のついたテキストを選択し、もう一度Sをタップすると取り消し線が解除されます。

●フォントスタイル

第5回ヨガ朝活のご案内

日時:2021年10月20日(水) 7:00
講師:ヨガインストラクターMAKI

オンラインでの開催となります。
ご自宅からご参加ください。
朝に体を動かして、リフレッシュしましょう!

対象としたいテキストを選択し、<デフォルトのフォント>をタップすると、フォントの書体を設定できます。

4

迷惑メール対策を行う

Application

ドコモメールのアドレスにたくさんの迷惑メールが届いてしまうときは、ドコモお客様サポートから迷惑メール対策を設定しましょう。特定のメールアドレスを受信拒否することもできます。

迷惑メール対策を設定する

(1) ホーム画面で をタップします。

タップする

(2) をタップします。

過去7日間で、Safariでは24件のトラッカーによるプロファイリングが阻止され、あなたのIPアドレスは既知のトラッカーに対して非公開になりました。

● 24

リーディングリスト

リーディングリストを使うと、Webページやリンクを集めてあとで読むことができます。有"ボタンをタップして現在のページを ます。

タップする

Q 検索/Webサイト名入力

(3) <My docomo（お客様サポート）>をタップします。

ブックマーク　　完了

☆ お気に入り

iPhoneユーザガイド

dメニュー

dマーケット

My docomo（お客様サポート）

タップする

編集

(4) <設定（メール等）>→<メール設定>→<設定を確認・変更する>の順にタップします。

データ・料金　ご契約内容　お手続き　設定　おトク

例：迷惑メール　　　　　×　Q

メール

メール設定

タップする

迷惑メール対策やメールに関する設定・確認が行えます。

設定を確認・変更する

SMS拒否設定

⑤ 「パスワード確認」画面が表示されるのでdアカウントのパスワードを入力し、＜パスワード確認＞をタップします。

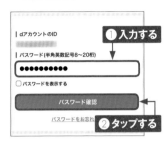

⑥ 画面を上方向にスワイプして、「迷惑メール/SMS対策」の＜かんたん設定＞をタップします。

⑦ ＜受信拒否　強＞もしくは＜受信拒否　弱＞をタップし、＜確認する＞をタップします。ここでは＜受信拒否　弱＞を選択します（MEMO参照）。

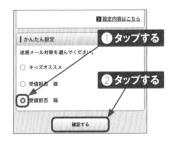

⑧ 「設定内容確認」画面が表示されるので設定を確認し、＜設定を確定する＞をタップします。

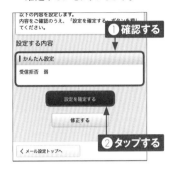

⑨ 設定が完了します。

MEMO　2種類のフィルター設定

「受信拒否　強」もしくは「キッズオススメ」を設定すると、パソコンからのメールが拒否されます。「受信拒否　弱」では、パソコンからのメールは受信しますが、なりすましメールが拒否されます。なお、どちらの設定でも、出会い系サイトなどの特定のURLが入ったメールは拒否されます。

▨ 特定のメールアドレスを必ず受信する

① 迷惑メールフィルターを設定してから特定のメールが届かなくなってしまった場合は、P.107手順⑥の画面で、＜受信リスト設定＞をタップします。

② 「受信リスト設定」の＜設定を利用する＞をタップして、上方向にスワイプします。

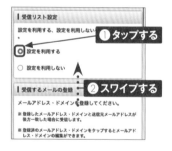

③ 「受信するメールの登録」の＜さらに追加する＞をタップします。

④ 入力フィールドが表示されるので、届かなくなったメールアドレスを入力します。上方向にスワイプし、＜確認する＞をタップします。

⑤ 設定内容を確認し、上方向にスワイプして＜設定を確定する＞をタップすると設定が完了します。

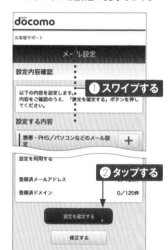

✕ 特定のメールアドレスを受信拒否する

① 特定のメールアドレスの受信を拒否したい場合は、P.108手順①の画面で＜拒否リスト設定＞をタップします。

② 「拒否するメールアドレスの登録」の＜さらに追加する＞をタップします。

③ 入力フィールドが表示されるので、拒否したいメールアドレスを入力し、上方向にスワイプして＜確認する＞をタップします。

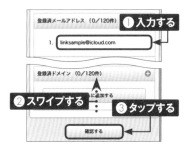

④ 「設定内容確認」画面が表示されるので、内容を確認し、上方向にスワイプして＜設定を確定する＞をタップすると設定が完了します。

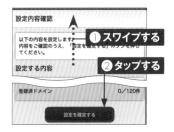

MEMO そのほかの迷惑メール対策

迷惑メール対策はほかにも「迷惑メールおまかせ対策」「特定URL付き拒否設定」「大量送信者からのメール拒否設定」などがあります。用途に応じて使い分けると、より便利にメールを使うことができます。

Application

PCメールを利用する

パソコンで使用しているメールのアカウントを登録しておけば、＜メール＞アプリを使ってかんたんにメールの送受信ができます。ここでは、一般的な会社のアカウントを例にして、設定方法を解説します。

◤ PCメールのアカウントを登録する

(1) ホーム画面で＜設定＞をタップします。

タップする

(2) ＜メール＞をタップします。

設定

タップする

(3) ＜アカウント＞をタップします。

(4) ＜アカウントを追加＞をタップします。

タップする

(5) ＜その他＞をタップします。サービス名が表示されている場合は、タップして画面に従って操作します。

(6) ＜メールアカウントを追加＞をタップします。

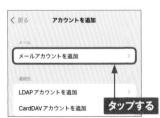

7 「メール」や「パスワード」など
必要な項目を入力します。

9 使用しているサーバに合わせて
<IMAP>か<POP>をタップし、
「受信メールサーバ」と「送信メー
ルサーバ」の情報を入力します。

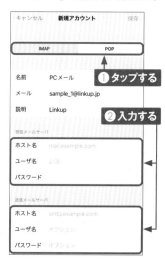

8 入力が完了すると、<次へ>が
タップできるようになるので、タッ
プします。

10 入力が完了したら、<保存>をタッ
プします。

4

◪ メールの設定を変更する

① ホーム画面で<設定>をタップします。

タップする

② <メール>をタップします。

タップする

③ メールの設定画面が表示されます。各項目の⦿をタップするなどして、設定を変更します。

タップする

MEMO **メールの設定項目**

メールの設定画面では、プレビューで確認できる行数を変更したり、メールを削除する際にメッセージを表示したりできるほか、署名の内容なども書き換えられます。より<メール>アプリが使いやすくなるよう設定してみましょう。

インターネットを楽しむ

Webページを閲覧する

iPhoneには「Safari」というWebブラウザが標準アプリとしてインストールされており、パソコンなどと同様にWebブラウジングが楽しめます。

Safariでページを閲覧する

1 ホーム画面で●をタップします。

タップする

2 初回はスタートページが表示されます。ここでは<Yahoo>をタップします。

お気に入り

Apple　iCloud　Google　Yahoo

Wikipedia　Facebook　Twitter　Asahi Shimbun

プライバシーレポート

タップする

過去7日間で、Safariでは12件のトラッ...

3 Webページが表示されました。

MEMO　スタートページとは

スタートページには、ブックマークの「お気に入り」に登録されたサイトが一覧表示されます（P.127参照）。また新規タブ（P.122MEMO参照）を開いたときにも、スタートページが表示されます。

▧ ツールバーを表示する

(1) Webページを開くと、画面下部に
タブバーとツールバーが表示され
ます。

(2) Webページを閲覧中、上方向に
スワイプしていると、タブバーや
ツールバーが消える場合がありま
す。

(3) 画面を下方向へスワイプするか、
画面の上端か下端をタップする
と、タブバーやツールバーを表示
できます。

MEMO　ピンチやタップで表示を拡大／縮小する

Safariの画面をピンチオープン
すると拡大で表示され、ピンチ
クローズすると縮小で表示され
ます。デスクトップ用表示
（P.118参照）では、ダブルタッ
プで拡大／縮小を切り替えること
ができます。

5

✕ ページを移動する

(1) Webページの閲覧中に、リンク先のページに移動したい場合は、ページ内のリンクをタップします。

(2) タップしたリンク先のページに移動します。画面を上方向にスワイプすると、表示されていない部分が表示されます。

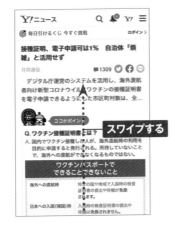

(3) 〈をタップすると、タップした回数だけページが戻ります。〉をタップすると、戻る直前のページに進みます。

(4) 画面左端から右方向にスワイプすると、前のページに戻ることができます（画面右端から左方向にスワイプすると、次のページに進みます）。

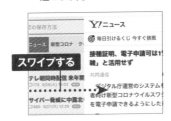

MEMO リンク先のページをプレビューする

Webページを閲覧中、リンクをタッチすると、プレビューが表示され、リンク先のページの一部が確認できます。プレビューの外側をタップすると、もとの画面に戻ります。

🗙 閲覧履歴からWebページを閲覧する

(1) 画面下部の 🕮 をタップします。

(2) 「ブックマーク」画面が表示されるので、🕓 をタップします。

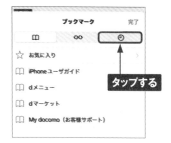

(3) 今まで閲覧したWebページの一覧が表示されます。閲覧したいWebページをタップします。

(4) タップしたWebページが表示されます。

MEMO 閲覧履歴を消去する

「ブックマーク」画面で🕓をタップして、画面下部の<消去>→<すべて>の順にタップすると、すべての閲覧履歴を消去できます。

5

🔳 パソコン向けのレイアウトで表示する

① Webページの閲覧中に、画面を下方向にスワイプして、タブバーを表示し、ぁぁをタップします。

③ Webページがパソコン向けのレイアウトで表示されます。

② <デスクトップ用Webサイトを表示>をタップします。

MEMO **Webページの一番上に移動する**

Webページを閲覧中、画面の上端をダブルタップすると、見ていたページの最上部まで移動することができます。

📱 そのほかの機能を利用する

● アドレスバーを表示

P.118手順②で＜上のアドレスバーを表示＞をタップすると、画面上部にアドレスバーが表示されるようになります。

● 画面を拡大／縮小

P.118手順②であをタップすると画面が拡大され、ぁをタップすると画面が縮小されます。

● タブバーとツールバーを非表示

P.118手順②で＜ツールバーを非表示＞をタップすると、タブバーとツールバーが非表示になります。画面下部をタップすると、再度表示されます。

● リーダー表示

P.118手順②で＜リーダー表示を表示＞をタップすると、リーダー表示に切り替わります。

新しいWebページを表示する

Application

Safariでは、新しいWebページを表示することができます。画面下部にあるタブバーの検索フィールドに直接URLを入力すると、入力したWebページを表示することができます。

検索フィールドにURLを入力する

① P.114手順①を参考にして、<Safari>を起動します。画面を下方向にスワイプして、タブバーを表示します。

② 検索フィールドをタップします。⊗をタップすると、検索フィールドにある文字を消すことができます。

③ 閲覧したいWebページのURLを入力し、<開く>（または<Go>）をタップします。

④ 入力したURLのWebページが表示されます。

☒ 表示を更新・中止する

(1) Webページの表示を更新したい場合は、タブバーの⟳をタップします。

(2) Webページの更新中は、プログレスバーが青くなります。

(3) 更新されたWebページが表示されます。

(4) ページの移動や更新を中止したい場合は、手順②の状態でタブバーに表示される✕をタップします。

複数のWebページを
同時に開く

Application

Safariは、タブを使って複数のWebページを開くことができます。
よく見るWebページを開いておき、タブを切り替えていつでも見る
ことができます。

🗙 新規タブでWebページを開く

① 開きたいリンクをタッチします。

タッチする

③ 新規タブが開き、タッチしたリンク
先のWebページが表示されます。

② メニューが表示されるので、＜新
規タブで開く＞をタップします。

タップする

MEMO 新規タブを表示する

P.123手順②で＋をタップする
と、新規タブが表示されます。
P.120やP.130を参照して、
Webページを閲覧しましょう。

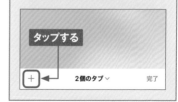

タップする

複数のWebページを切り替える

1 タブの切り替えは画面下部の🗗を
タップします。

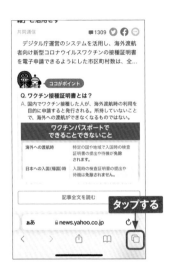

2 閲覧したいタブをタップします。✕
をタップすると、タブを閉じること
ができます。

3 目的のWebページが表示されま
す。なお、タブバーを左右にスワ
イプすることでも、タブを切り替え
ることができます。

MEMO **タブをまとめて一気に
閉じる**

開いたタブは手順②の方法でも
閉じることができますが、まとめ
て削除することも可能です。手
順①の画面で🗗をタッチし、<○
個のタブをすべて閉じる>をタッ
プすると、開いているタブをまと
めて閉じることができます。

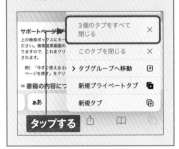

5

123

◤ タブを閉じる／並べ替える

● タブを閉じる

(1) タブを開き◻をタッチします。

タッチする

(2) <このタブを閉じる>をタップします。

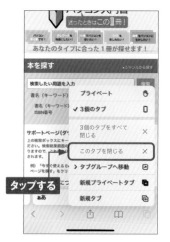

タップする

● タブを並べ替える

(1) P.123手順②でタブをタッチし、<タブの表示順序>をタップします。

❷ タップする

❶ タッチする

(2) 並べ替え方法を選択してタップします。

タップする

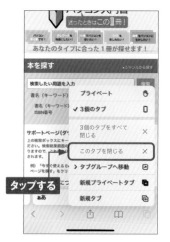

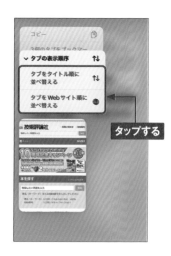

タブグループを作成する

1 P.123手順②で＜〇個のタブ＞をタップします。

タップする

2 ここではすでに開いているタブをグループにします。＜〇個のタブから新規タブグループを作成＞をタップします。

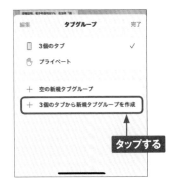

タップする

3 タブのグループ名を入力し、＜保存＞をタップします。

❶ 入力する

❷ タップする

4 タブがグループ化されます。作成したグループ名をタップします。

タップする

5 ほかのタブに切り替えたり、別のグループを作成したりすることができます。

5

MEMO タブグループを削除する

作成したタブグループを削除するには、手順②の画面を表示して、＜編集＞をタップします。削除したいタブグループの⊝をタップし、＜削除＞→＜削除＞の順にタップします。

Application

ブックマークを利用する

Safariでは、WebページのURLを「ブックマーク」に保存し、好きなときにすぐに表示することができます。ブックマーク機能を活用して、インターネットを楽しみましょう。

◤ ブックマークを追加する

1 ブックマークに追加したいWebページを表示した状態で、画面下部にある □ をタップします。

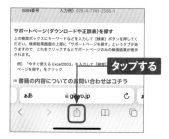

2 メニューが表示されるので、＜ブックマークを追加＞をタップします。なお、＜お気に入りに追加＞をタップすると、ブックマークの「お気に入り」フォルダに直接追加されます。

3 ブックマークのタイトルを入力します。わかりやすい名前を付けましょう。

4 入力が終了したら、＜保存＞をタップします。ほかにフォルダがない状態では「お気に入り」フォルダが保存先に指定されていますが、フォルダをタップして変更することができます。

5

ブックマークに追加したWebページを表示する

① 画面下部の□をタップします。

② □をタップして、「ブックマーク」画面を表示します。＜お気に入り＞をタップします。

③ 閲覧したいブックマークをタップします。ブックマーク一覧が表示されない場合は、画面左上の＜すべて＞をタップします。

④ タップしたブックマークのWebページが表示されました。

ブックマークを削除する

(1) 画面下部の 🔖 をタップします。

(2) 「ブックマーク」画面が表示されます。削除したいブックマークのあるフォルダを開き、<編集>をタップします。

(3) 削除したいブックマークの ➖ をタップします。

(4) <削除>をタップします。

(5) <完了>をタップすると、もとの画面に戻ります。

ブックマークにフォルダを作成する

1 フォルダを作成して、ブックマークを整理できます。P.128手順③で画面左下の<新規フォルダ>をタップします。

2 フォルダの名前を入力して、<完了>をタップすると、フォルダが作成されます。

3 フォルダにブックマークを移動するときは、P.128手順③でフォルダに追加したいブックマークをタップします。

4 現在のフォルダ（ここでは<お気に入り>）をタップします。

5 移動先のフォルダをタップし、チェックを付けます。ここでは例として<技術評論社>をタップして選択します。

6 画面上部の<をタップし、「お気に入り」画面に戻り、画面下部にある<完了>をタップします。

Google検索を利用する

Application

Webページを閲覧する際、検索フィールドに文字列を入力すると、検索機能が利用できます。ここでは、Safariに標準で搭載されている検索フィールドの使い方を紹介します。

◪ キーワードからWebページを検索する

(1) 画面下部の検索フィールドをタップします。

(2) 検索したいキーワードを入力して、オンスクリーンキーボードの<開く>（または<Go>）をタップします。

(3) 標準ではGoogle検索が実行されます。検索結果が表示されるので、閲覧したいWebページのリンクをタップします。

(4) リンク先のWebページが表示されます。検索結果に戻る場合は、<をタップします。

☒ 検索のキーワード候補からWebページを検索する

(1) P.130手順②で ⊗ をタップして、検索フィールドを空欄にします。

(2) 検索したいキーワードを入力すると、キーワード候補が表示されます。目的のキーワードをタップします。

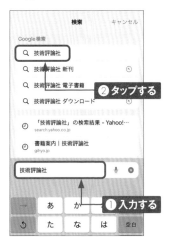

(3) 指定したキーワードでGoogle検索が実行されます。

MEMO 検索エンジンを変更する

Safariは、標準でGoogleの検索エンジンを使用しています。ほかの検索エンジンを使いたい場合は、検索エンジンを切り替えましょう。ホーム画面で<設定>→<Safari>→<検索エンジン>の順にタップします。その後、使用したい検索エンジン名をタップすると、設定完了です。なお、DuckDuckGoとEcosiaは検索履歴を保存しない検索エンジンです。

リーディングリストを
利用する

Application

リーディングリストを使って、「あとで読む」リストを作りましょう。なお、リーディングリストに追加する際は、インターネットに接続している必要があります。

◢ Webページをリーディングリストに追加する

(1) リーディングリストに追加したいWebページを表示し、⬆をタップします。

(2) <リーディングリストに追加>をタップします。「オフライン表示用のリーディングリスト記事を自動的に保存しますか?」と表示されたら、<自動的に保存>または<自動的に保存しない>をタップします。

MEMO リーディングリストとは

リーディングリストは、Webページを保存しておいて、あとで改めて読むための機能です。リーディングリストに追加したWebページは、通信ができないときでも表示することが可能です。また、未読の管理が行えるため、まだ読んでいないWebページをかんたんに確認することができます。気になった記事や、読み切れなかった記事があったときなどに便利です。

◪ リーディングリストに追加したWebページを閲覧する

(1) Safariを起動した状態で□をタップします。

(2) ∞をタップします。

(3) リーディングリストに追加したWebページが一覧表示されます。閲覧したいWebページをタップすると、指定したWebページが表示されます。

MEMO リーディングリストを管理する

手順③の画面下部の<未読のみ表示>をタップすると、未読のリーディングリストのみが表示され、<すべて表示>をタップすると、すべてのリーディングリストが表示されます。リーディングリストを削除したい場合は、目的のWebページを左方向にスワイプし、<削除>をタップします。

5

プライバシーレポートを確認する

Application

Webサイトを訪れると、トラッカーと呼ばれるプログラムによって閲覧者の情報を収集され、広告の表示などに利用されることがあります。Safariでは、トラッカーをブロックし、その結果を確認できます。

◤ ブロックしているトラッカーを確認する

(1) Webページを表示した状態で、ぁあをタップします。

(2) <プライバシーレポート>をタップします。

(3) ブロックされているトラッカーの数やアクセス後に外部のトラッカーを呼び出したWebサイトが表示されます。

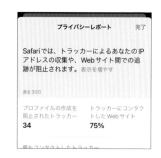

(4) <トラッカー>をタップすると、Webサイトによって呼び出されたトラッカーを確認できます。

プライベート
ブラウズモードを利用する

Application

Safariでは、Webページの閲覧履歴や検索履歴、入力情報が保存されない「プライベートブラウズモード」が利用できます。プライバシーを重視したい内容を扱う場合などに利用するとよいでしょう。

◤ プライベートブラウズモードを利用する

1 Safariを起動した状態で、◻をタップします。

タップする

2 画面下部のタブグループ名または<○個のタブ>をタップします。

タップする

3 <プライベート>をタップします。

タップする

4 <完了>をタップします。

タップする

5 プライベートブラウズモードに切り替わります。

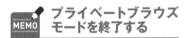

MEMO プライベートブラウズモードを終了する

プライベートブラウズモードを終了するには、手順④の画面で<プライベート>→タブグループ名または<○個のタブ>の順にタップします。

5

Application

拡張機能を利用する

Safariには便利な拡張機能を追加することができます。拡張機能は<App Store>アプリからインストールする必要があるので、インストール方法はSec.44を参照してください。

◤ 拡張機能を追加する

1 ホーム画面で<設定>をタップして、<Safari>をタップします。

2 <機能拡張>をタップします。

3 <機能拡張を追加>をタップします。

4 <App Store>アプリに移動するので、Sec.44を参考に拡張機能をインストールします。

音楽や写真・動画を
楽しむ

Application

音楽を購入する

iPhoneでは、<iTunes Store>アプリを使用して、直接音楽を購入することができます。購入前の試聴も可能なので、気軽に利用することができます。

🅺 ランキングから曲を探す

6

(1) ホーム画面で<iTunes Store>をタップします。「ファミリー共有を設定」画面が表示された場合は、<今はしない>をタップします。

(2) iTunes Storeのランキングを見たいときは、画面左下の<ミュージック>をタップし、<ランキング>をタップします。

(3) 「ソング」や「アルバム」、「ミュージックビデオ」のランキングが表示されます。特定のジャンルのランキングを見たいときは、<ジャンル>をタップします。

(4) ジャンルの一覧が表示されます。閲覧したいランキングのジャンルをタップします。ここでは、<エレクトロニック>をタップします。

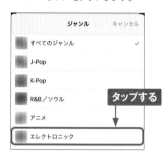

(5) 選択したジャンルのソング全体のランキングが表示されます。

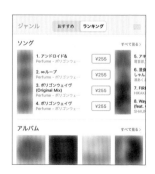

◪ アーティスト名や曲名で検索する

(1) 画面下部の＜検索＞をタップします。

(2) 検索フィールドにアーティスト名や曲名を入力し、＜検索＞をタップします。

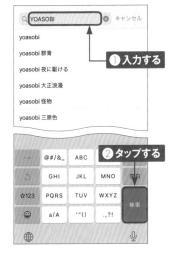

(3) 検索結果が表示されます。ここでは＜アルバム＞をタップします。

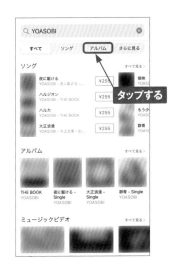

(4) 検索したキーワードに該当するアルバムが表示されます。任意のアルバムをタップすると、選択したアルバムの詳細が確認できます。

■ 曲を購入する

(1) P.139手順④の次の画面では、曲の詳細やレビュー、関連した曲を見ることができます。

(3) 購入したい曲の価格をタップします。アルバムを購入する場合は、アルバム名の下にある価格をタップします。

(2) 購入する前に曲を試聴できます。曲のタイトルをタップすると、曲が一定時間再生されます。

(4) <支払い>をタップします。

⑤ 「Apple IDでサインイン」画面が表示されたら、Apple ID（Sec. 16参照）のパスワードを入力し、＜サインイン＞をタップします。なお、パスワードの要求頻度の確認画面が表示された場合は、＜常に要求＞または＜15分後に要求＞をタップします。

①入力する

iTunes Store　　　　キャンセル

Apple IDでサインイン
この決済を承認するには、
seigo0809hashimoto@icloud.comのパスワード
を入力してください。

サインイン

パスワードをお忘れですか？

②タップする

⑥ 曲の購入を確認する画面が表示された場合は、＜購入する＞をタップします。購入した曲のダウンロードが始まります。

< 検索

夜に駆ける - Single
YOASOBI ›

J-Pop
1曲
リリース：2019/12/15
★★★★★ (1,026)　　　　　　¥255

ソング　　レビュー　　関連

iTunes レビュー

"小説を音楽にする"というコンセプトで活動するユニット、YOASOBI。本作は彼らのデビュー曲であり、楽曲の基となった小説は星野舞夜「タナトスの誘惑」。自転車望を持つ彼女と……　さらに表示

名前	時間	人気	価格
1 夜に駆ける	04:21	▐▐▐	⬇

© 2019 YOASOBI

ダウンロードが始まる

⑦ ＜再生＞をタップすると、購入した曲をすぐに聴くことができます。

< 検索

夜に駆ける - Single
YOASOBI ›

J-Pop
1曲
リリース：2019/12/15
★★★★★ (1,026)　　　　　　¥255

ソング　　レビュー　　**タップする**

iTunes レビュー

"小説を音楽にする"というコンセプトで活動するユニット、YOASOBI。本作は彼らのデビュー曲であり、楽曲の基となった小説は星野舞夜「タナトスの誘惑」。自転車望を持つ彼女と……　さらに表示

名前	時間	人気	価格
1 夜に駆ける	04:21	▐▐▐	再生

© 2019 YOASOBI

MEMO　支払い情報が未登録の場合

＜iTunes Store＞アプリで利用するApple IDに支払い情報を登録していないと、手順⑤のあとに「お支払情報が必要です」と表示されます。その場合、＜続ける＞をタップし、画面の指示に従って支払い情報を登録しましょう。登録を終えると、曲の購入が可能になります。

iTunes レビュー　　**タップする**

"小説を音楽にする"というコンセプトで、YOASOBI……　　　　　　　　　　　　た小説は星野舞夜　　　　　　　　　　　　　　　に表示

お支払情報が必要です
「続ける」をタップしてサインインし、お
支払い情報を入力してください。

キャンセル　　　　続ける

1 夜に　　　　　　　　　　　　　　　　¥255

© 2019

音楽を聴く

パソコンから転送した曲や、iTunes Storeで購入した曲を、<ミュージック>アプリを使って再生しましょう。ほかのアプリの使用中にも音楽を楽しめるうえ、ロック画面での再生操作も可能です。

「再生中」画面の見方

タップすると、再生中の曲が画面下部のミニプレーヤーに表示され、P.143手順④の画面に戻ります。再び「再生中」画面を表示させるには、ミニプレーヤーをタップします。

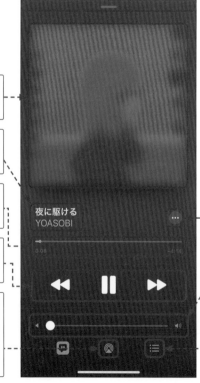

曲やアルバムのアートワークが表示されます。

曲名とアーティストが表示されます。

左右にドラッグすると再生位置を調節できます。

各ボタンをタップすると曲の操作が行えます。

タップするとAir Play（P.23参照）や、Bluetooth（Sec.76参照）対応の機器で音楽を再生します。

タップすると、「ライブラリに追加」「プレイリストに追加」などのメニューが表示されます。

左右にドラッグすると音量を調節できます。

次に再生される曲の一覧が表示されます。

夜に駆ける
YOASOBI

▨ 音楽を再生する

(1) ホーム画面で♫をタップします。Apple Musicの案内が表示されたら、＜続ける＞→＜今はしない＞の順にタップします。

(2) ＜ライブラリ＞をタップし、任意の項目（ここでは＜アルバム＞）をタップします。

(3) 任意のアルバムをタップします。

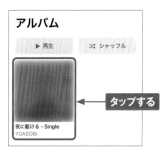

(4) 曲の一覧を上下にドラッグし、曲名をタップして再生します。画面下部のミニプレーヤーをタップします。

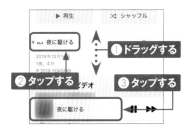

(5) 「再生中」画面が表示されます。一時停止する場合は▌▌をタップします。

MEMO ロック画面で音楽再生を操作する

音楽再生中にロック画面を表示すると、ロック画面に＜ミュージック＞アプリの再生コントロールが表示されます。この再生コントロールで、再生や停止、曲のスキップなど、基本的な操作はひと通り行えます。

Apple Musicを
利用する

Application

Apple Musicは、インターネットを介して音楽をストリーミング再生
できる新しいサービスです。月額料金を支払うことで、数千万曲以
上の音楽を聴き放題で楽しめます。

Apple Musicとは

Apple Musicは、月額制の音楽ストリーミングサービスです。ストリーミング再生だけでなく、
iPhoneやiPadにダウンロードしてオフラインで聴いたり、プレイリストに追加したりするこ
ともできます。個人プランは月額980円、ファミリープランは月額1,480円、学生プランは
月額480円で、利用解除の設定を行わない限り、毎月自動で更新されます。サブスクリプ
ションを購入すると、iTunes Storeで販売しているさまざまな曲とミュージックビデオを
自由に視聴できるほか、著名なアーティストによるライブ配信のラジオなどを聴くこともでき
ます。また、ファミリープランでは、家族6人まで好きなときに好きな場所で、それぞれの
端末上からApple Musicを利用できます。なお、Apple Oneに登録することでもApple
Musicを利用できます。Apple Oneは、Apple Music、Apple TV+、Apple Arcade、
iCloudの4つのサービスを個人プランは月額1,100円、ファミリープランは月額1,850円で
利用できます。

Apple Musicのメンバーシップにな
ると、プロフィールを登録したり、
ほかのユーザーと曲やプレイリスト
を共有したりすることができます。

3ヵ月間、無料でサービスを利用で
きるトライアルキャンペーンを実施
しています（2021年10月現在）。

☒ Apple Musicの利用を開始する

(1) ホーム画面で♫をタップし、<今すぐ聴く>をタップします。

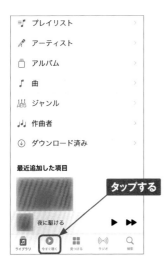

≡♪ プレイリスト	>	
🎤 アーティスト	>	
🗂 アルバム	>	
♪ 曲	>	
🎵 ジャンル	>	
♫♪ 作曲者	>	
⊕ ダウンロード済み	>	

最近追加した項目

タップする

夜に駆ける ▶ ▶▶

ライブラリ　今すぐ聴く　見つける　ラジオ　検索

(2) <今すぐ開始>をタップします。

タップする

今すぐ聴く

7,000万曲をお楽しみください。広告は表示されません。

🍎 Music

今すぐ開始 →
プランは月額¥980で自動更新されます。

(3) アカウントを確認し、<サブスクリプションに登録>をタップします。

トライアル　3か月間無料　　タップする

価格　2021年12月24日以降
¥980/月

サブスクリプションに登録

(4) 気になるジャンルとアーティストを画面に従って登録し、<完了>をタップするとApple Musicの利用が開始します。

< 　　　　　　　　　　　　　完了

確認できました。

気になるアーティストは1回タップ、大好きなアーティストは2回タップして選択します。興味のないアーティストは長押しして削除します。

タップする

Crossfaith　　　　　BUMP OF CHICKEN

MEMO サブスクリプション購入のお知らせを確認する

Apple Musicのサブスクリプションを開始すると、Apple IDのメールアドレス宛に「サブスクリプションの確認」という件名でメールが届きます。このメールには、購入日や更新価格などが記載されているので、大切に保管しましょう。

✕ Apple Musicで曲を再生する

1 ホーム画面から♪→＜今すぐ聴く＞の順にタップして、聴きたいプレイリストをタップします。

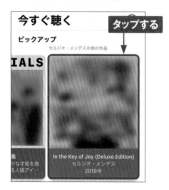

2 プレイリストの曲の一覧が表示されます。聴きたい曲をタップします。

3 曲の再生が始まります。なお、曲を再生するにはWi-Fiに接続されている必要があります。❙❙をタップすると、再生が停止します。

4 手順①の画面で好きなプレイリストをタップして、＋をタップすると、曲をダウンロードできます。なお、曲のダウンロードには「ライブラリを同期」をオンにする必要があります。

5 ダウンロードが完了すると、ライブラリからいつでも再生できるようになります。

MEMO 📝 **モバイル通信で ストリーミングする**

Wi-Fiに接続していないときに曲を再生したい場合は、ホーム画面で＜設定＞→＜ミュージック＞→＜モバイルデータ通信＞の順にタップし、「モバイルデータ通信」が●になっていることを確認して、「ストリーミング」の◯◯をタップしてオンにしましょう。

✕ Apple Musicの自動更新を停止する

1 ホーム画面で🎵→<今すぐ聴く>の順にタップし、😀をタップします。

2 <サブスクリプションの管理>をタップします。

3 <無料トライアルをキャンセルする>もしくは<登録をキャンセルする>をタップします。

4 キャンセルの確認画面が表示されるので、<確認>をタップします。

6

147

写真を撮影する

Application

iPhoneには背面と前面にカメラがあります。さまざまな機能を利用して、高画質な写真を撮影することが可能です。暗いところでもきれいに撮影ができます。

写真を撮る

1 ホーム画面で<カメラ>をタップします。位置情報の利用に関する画面が表示されたら、P.74MEMOを参考に設定します。

タップする

2 画面をピンチすると、ズームをすることができます。また、画面下部の■をタップして広角カメラと超広角カメラの切り替え、タッチしてスライダーをドラッグすることで、倍率を変更することができます。

ピンチオープンする

3 ピントを合わせたい場所をタップします。オートフォーカス領域と露出の設定が黄色い枠で表示され、タップした位置を中心に自動的に露出が決定されます。

タップする

MEMO QRコードの読み取り

<カメラ>アプリでは、QRコードの読み取りができます。カメラにQRコードをかざすだけで自動認識され、Webサイトの表示などが行えます。QRコードが読み取れない場合は、ホーム画面で<設定>→<カメラ>の順にタップし、「QRコードをスキャン」が■になっていることを確認しましょう。

(4) ◯をタップすると、撮影が実行されます。

タップする

(5) 写真モード時に◯をタッチすると、動画を撮影することができます。画面から指を離すと、動画の撮影が終了します。なお、タッチしたまま■まで右方向にスワイプすると、指を離しても、動画撮影が継続されます。

00:00:01

タッチする

(6) また、写真モード時に◯を左方向にスワイプすると、指を離すまで連続写真を撮影することができます。

スワイプする

07

(7) 撮影した写真や動画をすぐに確認するときは、画面左下のサムネイルをタップします。写真や動画を確認後、撮影に戻るには、左上のくをタップします。

タップする

6

MEMO Pro / Pro Maxのカメラ

iPhone 13 Pro / Pro Maxでは背面カメラが3つになっており、遠くの風景を拡大できる「望遠カメラ」が搭載されています。ほかにも、被写体に思い切って近づくとマクロ撮影も可能で、マクロ撮影はナイトモード（P.152参照）にも対応しています。さらにApple独自の「Apple ProRAW」形式を設定すると、よりデータ量の多い未加工の画像データで保存でき、編集の幅が広がります。

◤ 撮影モードや撮影機能を切り替える

(1) 画面を左右にスワイプするか、下部の撮影モード名をタップすることで、撮影モードを切り替えることができます。画面上部の ∧ をタップすると、撮影機能を表示することができます。なお夜間では、❶ と❷の間に 🌙 が表示され、ナイトモードの露出時間を変更できます。

❶フラッシュの自動／オン／オフを切り替えます。

❷Live Photosの自動／オン／オフを切り替えます。

❸フォトグラフスタイルを変更できます（P.155参照）。

❹写真の大きさをスクエア／4：3／16：9のいずれかに設定できます。

❺露出を調整できます。

❻3秒後または10秒後のタイマーを設定できます。

❼フィルタを設定した状態で撮影できます。

◤ 写真モードの画面の見方

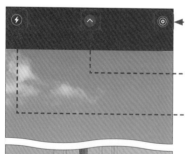

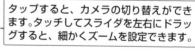

Live Photosのオン／オフを切り替えます（P.163参照）。

機能を切り替えるメニューが表示され、タイマーやフィルタを設定できます（上の画面参照）。

フラッシュのオン／オフを切り替えます。

タップすると、カメラの切り替えができます。タッチしてスライダを左右にドラッグすると、細かくズームを設定できます。

画面を左右にスワイプすると、撮影モードを変更できます。

タップすると、背面カメラと前面側カメラを切り替えます。

✕ 前面側カメラで撮影する

① 前面側カメラで撮影するときは、P.148手順②の画面で、◯をタップします。

タップする

② 前面側カメラに切り替わります。画角を変更したい場合は、◯をタップします。

タップする

③ 画角が広がります。前面側カメラでの撮影方法は、背面カメラと同じです（P.148 ～ 149参照）。

6

MEMO 前面側カメラの機能

前面側カメラも、背面カメラと同様、2枚の異なる露出の写真から、最適な露出に合成できるスマートHDRが利用でき、動画撮影機能も背面カメラと同じ最大で4K/60fpsまでの撮影が可能となっています。また、120fpsのスローモーション撮影が可能となり、「スローフィー」（スローモーションでのセルフィー）が利用できます。

■ ナイトモードを利用する

1 写真モード時、暗いところで撮影しようとすると、自動的にナイトモードになり、画面左上に◎が表示されます。

表示される

2 ナイトモードのアイコンが黄色になり、秒数が表示されたら◎をタップします。表示された秒数、本体を動かさないように持っていると、暗いところでも明るい写真を撮影できます。

タップする

3 秒数は設定で変更することが可能です。手順②の画面で◎をタップします。

タップする

4 画面下部に表示されるスライダーをドラッグして、秒数を設定します。なお、0に設定すると、ナイトモードが解除されます。

ドラッグする

6

❌ ポートレートモードで背景をボカして撮影する

(1) ホーム画面で<カメラ>をタップ
し、画面を左方向に1回スワイプ
します。

スワイプする

(2) 「近づいてください。」と表示され
た場合は、被写体との距離を調
整し、被写体が黄色の枠内に入
るようにします。

(3) ポートレートモードが利用できるよ
うになると、「自然光」の表示が
黄色くなり、ピントが合っている被
写体の周りがぼけた状態になりま
す。

黄色になる

(4) 下部の照明効果をドラッグして選
択し、◯をタップします。

❶ドラッグする

❷タップする

MEMO **人物以外や前面側カメラでも利用できる**

ここでは、人物を撮影していますが、人物以外の物体やペットなどでもポートレー
トモードを利用することができます。また、前面側カメラでもポートレートモード
での撮影が可能です。さらにナイトモードでも、ポートレートモードで撮影を行
うことが可能です。

☒ 画面内の文字や物体を認識する

1 ホーム画面で<カメラ>をタップし、文字をカメラで写します。

カメラで写す

090 - 0000 - 0000

2 文字を認識すると文字が黄色の括弧で囲まれるので、◙をタップします。

090 - 0000 - 0000

タップする

3 認識した文字に対して操作を選択してタップします。電話番号をタップすると通話メニュー、URLをタップすると<Safari>アプリが起動します。なお、英語などの対応言語の場合は翻訳することもできます。

タップする

コピー　すべてを選択　調べる　翻訳　共有...

090 - 0000 - 0000

MEMO　文字認識を有効にする

初期設定では、カメラで文字認識を行うことができません。文字認識をするには「テキスト認識表示」をオンにする必要があります。ホーム画面で<設定>→<一般>→<言語と地域>の順にタップして、「テキスト認識表示」の◯をタップし、<オンにする>をタップします。なお、2021年10月現在では、日本語の文字認識はできません。

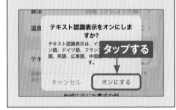

タップする

6

✕ フォトグラフスタイルで撮影する

① ホーム画面で<カメラ>をタップ
し、画面上部の∧をタップします。

タップする

② 表示されたメニューから◐をタップ
します。

タップする

③ 左右にスワイプして、フォトグラフ
スタイルを選択します。選択した
ら、○をタップして撮影します。

①スワイプする

②タップする

> **MEMO フォトグラフスタイル**
>
> フォトグラフスタイルは、肌の
> トーンを保ったまま、ほかの色を
> 調整する機能です。設定したフォ
> トグラフスタイルは次回以降の
> 撮影でも反映されています。<カ
> メラ>アプリを一度終了し、再度
> 起動した場合でも設定は残って
> います。もとに戻したい場合は、
> 手順③の画面で「標準」を選択
> しましょう。

6

Application

動画を撮影する

写真モードから手軽に動画を撮影できますが（P.149参照）、ビデオモードでじっくり撮影をしたり、プロのように撮影できるシネマティックモードを使ったりして、いろいろな動画を撮影してみましょう。

動画を撮影する

1 ホーム画面で＜カメラ＞をタップし、カメラを起動します。撮影モードが「写真」になっているときは、画面を右方向に1回スワイプし、「ビデオ」に切り替えます。

スワイプする

2 ●をタップして撮影を開始します。撮影中は画面上部の撮影時間が赤く表示されます。撮影中にピンチすると、ズームができます。

00:00:00　　HD・30

タップする

3 ●をタップすると、動画の撮影を終了します。撮影した動画を確認するには、画面左下に表示されるサムネイルをタップします。

タップする

MEMO　4Kビデオを撮影する

ホーム画面で＜設定＞→＜カメラ＞→＜ビデオ撮影＞の順にタップし、＜4K/〇〇 fps＞をタップすると、フルHDビデオの4倍の解像度（3,840×2,160）で、ビデオ撮影ができます。なお、「4K/60 fps」に設定するには、あらかじめホーム画面で＜設定＞→＜カメラ＞→＜フォーマット＞の順にタップし、「高効率」に切り替えておきます。また、4K/30fpsProResでの撮影も可能ですが（2021年10月現在未対応）、容量が128GBモデルでは非対応となっています。

720p HD/30 fps	
1080p HD/30 fps	
1080p HD/60 fps	
4K/24 fps	
4K/30 fps	タップする
4K/60 fps	✓

QuickTakeビデオは常に1080p HD/30fpsで撮影します。

⚄ シネマティックモードで撮影をする

(1) ホーム画面で<カメラ>をタップ
し、右方向に2回スワイプします。
「シネマティックビデオ」画面が
表示されたら、<続ける>をタップ
します。

(2) 人物を認識すると黄色い枠が表
示されます。枠をタップすると、
人物にピントが合い続けます。◯
をタップすると、撮影を開始しま
す。

(3) ◉をタップすると、動画の撮影が
終了します。撮影した動画を確
認するには、画面左下のサムネ
イルをタップします。

6

📝 MEMO **シネマティックモード**

シネマティックモードでは、動画
撮影の際に人物の周囲をボカす
ことができます。また、人物の
動きを自動で認識して、カメラ
を動かしたり被写体が動いたりし
ても、自動的に焦点が合うよう
になっています。

Application

写真や動画を閲覧する

解像度と色の表現力が高いディスプレイを搭載するiPhoneは、写真や動画の閲覧に最適です。撮影した写真や動画をiPhoneで楽しみましょう。

「ライブラリ」タブで写真や動画を閲覧する

1 ホーム画面で<写真>をタップします。初回起動時は「"写真"の新機能」が表示されるので、<続ける>をタップします。

2 <ライブラリ>をタップすると、初回起動時は、<すべての写真>表示になり、撮影した順番にすべての写真と動画が表示されます。画面をピンチオープンします。

3 サムネイルが拡大され、画面に表示される写真や動画が少なくなります。表示数を増やしたいときは、ピンチクローズします。写真をタップします。

4 写真が表示されます。画面を上方向にスワイプすると、写真の情報が表示されます。

✕ 「ライブラリ」タブの見方

●年別

年別に写真や動画が表示されます。表示される写真は、過去数年で今日と同じか近い日付に撮影された写真が自動で選ばれます。

●月別

月別に写真や動画が表示されます。写真はイベントごとにまとめられ、ベストショットが自動で選ばれます。

●日別

日別に写真や動画が表示されます。大きさや配置は自動で設定されます。

✎ MEMO 「ライブラリ」タブでの写真の表示

「ライブラリ」タブで「年別」「月別」「日別」の表示を選択した場合、消音状態のLive Photosと動画が自動再生されます。画面上部には、撮影した日付以外にも撮影場所など、イベントのタイトルが表示されます。また、重複している写真、スクリーンショット、ホワイトボードの写真、書類、レシートなどは自動的に非表示にされ、かんたんに思い出の1枚を探すことができます。

🖾 「For You」タブで写真を閲覧する

1 P.158手順①を参考に<写真>アプリを起動し、<For You>をタップして、「メモリー」欄の<すべて表示>をタップします。

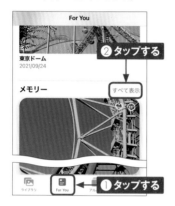

2 メモリーをタップします。

3 メモリーが再生され、自動的に作成されたメモリーやメモリーに含まれる写真、撮影地などが表示されます。

4 手順③で画面をタップすると、曲の再生や停止、ミュージックの変更などの操作ができます。

5 手順④の画面で◉をタップすると、タイトルや再生時間などを変更できます。

MEMO おすすめ写真を確認する

「For You」タブでは、メモリーのほかに、友だちと手軽に写真の共有をすることができます。アプリが写真に写っているイベントや場所を特定し、同一の写真をまとめてくれます。複数人で写っている写真では、それぞれの顔を認識して、その友だちと共有することをおすすめしてくれます。

「アルバム」タブで写真や動画を閲覧する

1 P.158手順①を参考に＜写真＞アプリを起動し、＜アルバム＞をタップして、閲覧したいアルバム（ここでは＜最近の項目＞）をタップします。

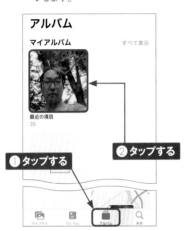

2 上下にスワイプして写真や動画を探し、閲覧したい写真や動画をタップします。動画には時間が表示されており、タップすると自動再生されます。

3 写真が表示されます。画面を左右にスワイプすると、前後の写真が表示されます。画面下部の♡をタップすると「お気に入り」アルバムに追加されます。

MEMO 「ピープル」アルバムを活用する

手順①の画面で「ピープルと撮影地」の＜ピープル＞をタップすると、人の顔が映った写真が自動的にまとめられる「ピープル」アルバムが表示されます。人物別に写真が区分けされているため、特定の人物の写真を探したい場合に便利です。

6

写真を非表示にする

(1) 写真を非表示に設定することで、<写真>アプリや<写真>アプリのウィジェットで表示しないようにすることができます。P.158手順②やP.161手順②の画面で<選択>をタップします。

(2) 非表示にしたい写真をタップして選択し、□をタップします。

(3) 上方向にスワイプし、<非表示>をタップします。

(4) <写真を非表示>をタップします。

MEMO 非表示アルバム

非表示にした写真は、<アルバム>タブの<非表示>アルバムをタップして見ることができます。同様の操作で手順③の画面に表示される<再表示>をタップすると、写真を再表示できます。

◪ Live Photosを再生する

① 右下のMEMOを参考に、「Live Photos」がオンの状態で撮影した写真を表示し、画面をタッチします。

③ 指を離すと、最初の画面に戻ります。

6

② 写真を撮影した時点の前後1.5秒の音と映像が、再生されます。

MEMO Live Photosをオフにする

Live Photosは通常の写真よりも、ファイルサイズが大きくなります。iPhoneの容量が残り少ない場合などは、Live Photosをオフにしておくとよいでしょう。Live Photosをオフにするには、ホーム画面で<カメラ>アプリをタップし、画面上部の◉をタップして◉にします。

写真や動画を
編集・補正する

Application

iPhone内の写真や動画を編集してみましょう。明るさの自動補正のほか、「傾き補正」や「フィルタ」、「調整」などを利用できます。また、動画の編集ではトリミングで長さを変更できます。

写真を編集する

1 P.158を参考に、編集したい写真を表示し、画面右上の<編集>をタップします。

2 「調整」画面が表示され（ポートレートモードの写真はP.168～169参照）、明るさやコントラストなどの補正が行えます。ここでは ✨ をタップします。

3 写真が自動補正されます。アイコンの下に表示される目盛りを左右にドラッグすると、好みに合わせた補正ができます。

4 より詳細な補正を行いたい場合は、補正項目のアイコンを左にスワイプし、目盛りを左右にドラッグして細かく調整します。

❶ スワイプする

❷ ドラッグする

MEMO 編集中に編集前の画像を確認する

写真を編集中に編集を行う前のオリジナル画像を確認したいときは、表示されている写真をタップします。どれくらいの補正ができているか、すばやく確認することができて便利です。

5 フィルタをかけてカラーエフェクトをかんたんに設定したいときは🪄をタップします。

タップする

6 フィルタ部分を左右にスワイプし、フィルタを設定します。フィルタの下の目盛りを左右にドラッグすると、フィルタの強度の調整ができます。

①スワイプする
②ドラッグする

7 写真をトリミングするには🔧をタップします。

タップする

MEMO そのほかの編集機能

編集中の画面上部の🅾をタップすると、写真内に手書き入力ができます。

---

8 写真に傾きがある場合は自動で補正されます。画面下部のアイコンと目盛りで写真の角度や歪みの調整ができます。また、🔼をタップすると左右反転ができ、◼をタップするごとに写真が90度回転します。🔲をタップします。

タップする

9 画面下部で写真の大きさを選択することでかんたんにトリミングができます。自由な大きさにしたいときは、枠の四隅をドラッグしてトリミング位置を調整します。✅をタップすると写真が保存されます。

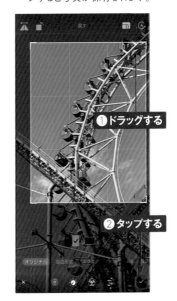

①ドラッグする
②タップする

◪ Live Photosを編集する

① P.164を参考に、「Live Photos」がオンの状態で撮影した写真の編集画面を表示します。Live Photosは通常の写真と同様に編集ができます。ここでは、◎をタップします。

② Live Photosの表示を編集できます。キー写真（サムネイルに表示される写真）を変更する場合は、キー写真に設定したいコマをタップします。

③ ＜キー写真に設定＞をタップします。

④ キー写真が変更されます。編集内容を確認する場合は、画面をタッチして再生し、編集内容を保存するには、☑をタップします。

Live Photosから静止画を複製する

① P.158を参考に、「Live Photos」がオンの状態で撮影した写真を表示し、⬆をタップします。

タップする

② 上方向にスワイプし、<複製>をタップします。

1枚の写真を選択中
位置情報を含む オプション >

①**スワイプする**

AirDrop	メッセージ	メール	メモ	リ

写真をコピー

共有アルバムに追加

アルバムに追加

複製

非表示

②**タップする**

スライドショー

AirPlay

③ <通常の写真として複製>をタップすると、静止画が複製されます。

タップする

このLive Photosをそのまま、または通常の写真として複製できます。

複製

通常の写真として複製

キャンセル

MEMO Live Photosを静止画にする

「Live Photos」がオンの状態で撮影した写真自体を静止画にしたい場合は、P.166手順②の画面で、画面上部の<LIVE>をタップして、✓をタップします。

⊙ LIVE

タップする

6

167

✖ ポートレートモードで撮影した写真を編集する

1 P.158を参考に、ポートレートモードで撮影した写真を表示します。ポートレートモードで撮影した写真には、左上に「ポートレート」と表示されます。

2 <編集>をタップします。

3 下部の照明効果を左右にドラッグすると、撮影時の照明効果を変更することができます。

4 上部の ƒ2.8 (被写界深度により数字は変わります) をタップし、下部の目盛りを左右にドラッグすると、被写界深度を変更することができます。

⑤ 標準の「f2.8」から「f1.4」に変更すると、かなり背景のボカしが強くなっていることがわかります。

⑥ ✓をタップします。変更が適用され、P.168手順①の画面に戻ります。

⑦ もとに戻したい場合は、P.168手順③の画面を表示し、＜元に戻す＞→＜オリジナルに戻す＞の順にタップします。

MEMO ポートレートモードの照明効果

ポートレートモードの照明効果には、背景を真っ白に飛ばして撮影する「ハイキー照明（モノ）」や被写体だけにスポットライトを当てる「ステージ照明」などがあります。エフェクトを変更するだけで、スタジオで撮影したような写真を手軽に撮影できます。

動画を編集する

(1) P.158を参考に、編集したい動画を表示し、画面右上の<編集>をタップします。

タップする

(2) フレームの両端をそれぞれドラッグすると、動画の不要な箇所を削除することができます。黄色で囲まれた部分が動画ファイルとして残ります。■をタップします。

❶ドラッグする
❷タップする

(3) 動画も写真の編集（P.164〜165参照）と同様の補正ができます。❸をタップします。

タップする

(4) フィルタをかけることができます。動画をタップするとフィルタをかける前のオリジナルの動画を確認することができます。■をタップします。

タップする

(5) 動画の傾きが自動補正されます。✓をタップし、<ビデオを新規クリップとして保存>または<ビデオを保存>をタップすると動画が保存されます。

❷タップする
❶タップする

シネマティックモードの動画を編集する

1 P.158を参考に、シネマティックモードの動画の再生画面を表示して、<編集>をタップします。

2 編集したい時間に白いバーをドラッグして移動し、その時間帯にピントを合わせたい部分をタップします。

3 手順②で f2.8 をタップして、下部のメモリを左右にドラッグして、被写界深度を変更します。「f2.0」に変更すると、人物のピントのボカしが強くなり、手順②でタップした部分がハッキリと映ります。✓をタップすると、編集が確定します。

4 動画を再生すると、指定した時間で人物のボカしが強くなります。

写真を削除する

Application

写真が増え過ぎてしまった場合は、写真を削除しましょう。写真は、
1枚ずつ削除するほかに、まとめて削除することもできます。また、
削除した写真は、30日以内であれば復元することができます。

写真を削除する

1 P.158を参考に「すべての写真」を表示し、<選択>をタップします。

2021年9月24日　　選択 …
東京ドーム

タップする

2 削除したい写真をタップしてチェックを付け、画面右下の🗑をタップします。

❶ タップする

❷ タップする

1枚の写真を選択中 🗑

3 メニューが表示されるので、<写真を削除>（選択枚数などで変わります）→<OK>の順にタップすると、チェックを付けた写真が削除されます。

写真を削除

キャンセル　**タップする**

MEMO　削除した写真を復元する

削除した写真は30日間は「最近削除した項目」アルバムで保管されます。「最近削除した項目」アルバムの写真のサムネイルには、削除までの日数が表示されます。写真を復元したい場合は、<選択>をタップし、復元したい写真にチェックを付け、<復元>→<○枚の写真を復元>の順にタップします。

写真とビデオには削除までの日数が表示されます。その日数が経過
　　　　　　　　　　れます。日数は最大で40日になる場合
タップする　　　　あります。

削除　　　**1枚の写真を選択中**　　　復元

アプリを使いこなす

App Storeで
アプリを探す

iPhoneにアプリをインストールすることで、ゲームや読書を楽しんだり、機能を追加したりできます。<App Store>アプリを使って気になるアプリを探してみましょう。

Application

キーワードからアプリを探す

(1) ホーム画面で<App Store>をタップします。位置情報の確認を求められたら、<Appの使用中は許可>をタップします。

(2) <検索>をタップします。

(3) 画面上部の入力フィールドに検索したいキーワードを入力して、<検索>(または<Search>)をタップします。

(4) 検索結果が表示されます。検索結果を上方向にスワイプすると、別のアプリが表示されます。

■ ランキングやカテゴリからアプリを探す

(1) P.174手順②の画面で<App>
をタップします。

(2) 新着アプリや有料アプリ、無料
アプリなどを確認できます。画面
を上方向にスワイプします。

(3) 「トップカテゴリ」の<すべて表
示>をタップすると、カテゴリが一
覧で表示されます。ここでは、
<ニュース>をタップします。

(4) タップしたカテゴリのアプリが表示
されます。画面を上方向にスワイ
プすると、有料アプリや無料アプ
リを確認できます。

アプリをインストール・アンインストールする

Application

ここでは、App Storeでアプリを購入して、iPhoneにインストールする方法を紹介します。アプリのアップデート、削除の方法もあわせて紹介します。

無料のアプリをインストールする

1 検索結果から、入手したい無料のアプリをタップします。

2 アプリの説明が表示されます。＜入手＞をタップします。

3 ＜インストール＞をタップします。

MEMO アプリをAppライブラリだけに追加する

新しくインストールしたアプリをホーム画面に追加せずに、Appライブラリだけに追加したいときは、ホーム画面で＜設定＞→＜ホーム画面＞→＜Appライブラリのみ＞の順にタップします。

④ Apple ID（Sec.16参照）のパスワードを入力し、＜サインイン＞をタップします。

⑤ 追加購入時のパスワードの入力に関する画面が表示されたら、＜常に要求＞または＜15分後に要求＞をタップします。このあと、利用規約が表示される場合があります。

⑥ インストールが自動で始まります。インストールが終わると、標準ではホーム画面にアプリが追加されます。

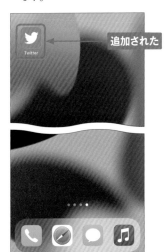

MEMO 有料のアプリを購入する

P.176手順①を参考に有料のアプリをタップして、アプリの価格をタップし、＜支払い＞をタップすると、手順⑥と同様にアプリがインストールされます。

7

◪ アプリをアンインストールする

① (1) ホーム画面でアンインストールしたいアプリをタッチして、表示されるメニューで<Appを削除>をタップします。

② (2) <Appを削除>をタップします。

③ (3) <削除>をタップします。

④ (4) アプリがアンインストールされました。なお、手順②で<ホーム画面から取り除く>をタップすると、アイコンは消えますが、アプリはAppライブラリに残ります。

MEMO Face IDでアプリをインストールする

Sec.68を参考にFace IDを設定すると、P.177手順④でApple IDのパスワードを入力する代わりに、Face IDを利用して、アプリをインストールすることができます。

アプリをアップデートする

① ＜App Store＞アプリを起動して、🔵をタップします。

② アップデートできるアプリの一覧が表示されます。アプリをタップします。

③ ＜アップデート＞をタップすると、アプリのアップデートが開始されます。

MEMO アプリの自動アップデートをオフにする

アプリは、Wi-Fiに接続しているときのみ自動更新される設定になっています。自動更新をオフにするには、ホーム画面で＜設定＞→＜App Store＞の順にタップし、「Appのアップデート」の をタップして、 にします。

7

カレンダーを利用する

iPhoneの<カレンダー>アプリでは、イベントを登録して指定した
時間に通知させたり、ウィジェットに今日と明日の予定を表示させた
りすることができます。

イベントを登録する

(1) ホーム画面で<カレンダー>をタップします。初回起動時は新機能の紹介が表示されるので、<続ける>をタップします。

(2) 位置情報の確認画面が表示されたら<Appの使用中は許可>または<1度だけ許可>をタップし、画面右上の＋をタップします。

(3) 「タイトル」と「場所またはビデオ通話」を入力し、<開始>をタップします。場所を入力する際に位置情報サービスの画面が表示されるので、P.74MEMOを参考に設定します。

(4) 開始日時と時刻を設定し、<追加>をタップします。必要であれば終了時刻を設定します。

(5) イベントが追加されます。

✕ イベントを編集する

① P.180手順⑤の画面で、登録したイベントをタップします。

タップする

② <編集>をタップします。

タップする

③ 編集したい箇所をタップします。ここでは、<通知>をタップします。

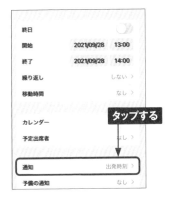

タップする

④ 通知させたい時間をタップします。ここでは<1時間前>をタップします。

タップする

⑤ <完了>をタップすると、編集が完了します。

タップする

MEMO イベントにファイルを添付する

手順③の画面で<添付ファイルを追加>をタップすると、<ファイル>アプリが開きます。イベントに追加したいファイルをタップすると、イベントにファイルが添付されます。

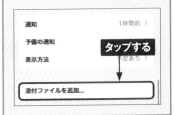

タップする

7

■ イベントを削除する

① ホーム画面から＜カレンダー＞を
タップし、削除したいイベントをタッ
プします。

② 「イベントの詳細」画面が表示さ
れるので、＜イベントを削除＞を
タップします。

③ ＜イベントを削除＞をタップしま
す。

MEMO イベントを検索する

手順①の画面で を タップし、
入力欄に検索したいイベント名
の一部を入力して＜検索＞をタッ
プすると、登録したイベントを検
索できます。

◪ カレンダーの表示を切り替える

① ホーム画面から<カレンダー>を
タップし、画面左上の<月>（こ
こでは<9月>）をタップします。

③ タップした日の予定が表示されま
す。画面右上の ≡ をタップします。

② カレンダーが月表示に切り替わり
ました。<日付>（ここでは
<19>）をタップします。

④ イベントの一覧表示に切り替わり
ました。再度 ≡ をタップすると、
手順③の画面に戻ります。

7

Application

リマインダーを利用する

iPhoneの<リマインダー>アプリは、リスト形式でタスク（備忘録）を整理するアプリです。登録したタスクを、指定した時間や場所を条件にして通知できます。

タスクを登録する

1 ホーム画面で<リマインダー>をタップします。位置情報の確認画面が表示されたら<Appの使用中は許可>または<1度だけ許可>をタップします。

2 <リマインダー>をタップし、<新規>をタップします。

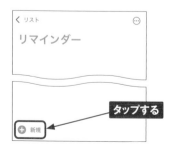

3 画面をタップしてタスクを入力し、<完了>をタップします。

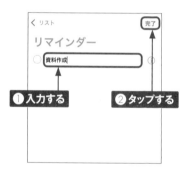

4 タスクが登録されます。

日付を指定してタスクを登録する

① P.184手順③の画面で📅をタップします。

② タスクを実行する日を設定します。ここでは<明日>をタップします。

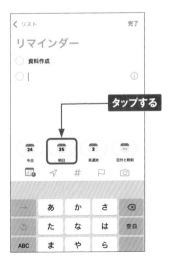

③ 画面をタップしてタスクを入力し、<完了>をタップすると、タスクが登録されます。

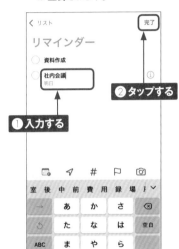

MEMO タスクを通知する

手順③の画面で①をタップすると、「詳細」画面が表示されます。詳細画面の「日付」を🔵にすると指定日に、「時刻」を🔵にすると指定時刻にアラームを鳴らせて通知してくれます。

7

◪ タスクを管理する

1 リマインダーを表示します。タスクの内容を実行したら、○をタップします。

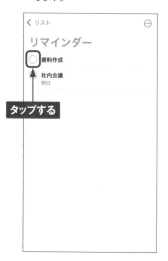

タップする

2 タスクにチェックが付き、実行済みになります。実行済みのタスクは、リストに表示されなくなります。

チェックが付く

3 実行済みのタスクを表示するときは、手順②の画面で⋯をタップして、<実行済みを表示>をタップします。

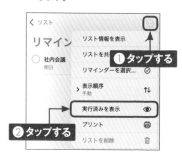

① タップする

② タップする

4 実行済みのタスクが表示されます。

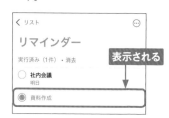

表示される

MEMO タスクを並べ替える

手順③の画面で<表示順序>をタップすると、期限や優先順位などでタスクを並べ替えることができます。

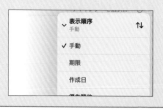

✕ リストを管理する

① P.186手順①の画面で、左上の〈をタップして、〈リストを追加〉をタップします。

② リストの名前を入力して、色やアイコンを設定し、〈完了〉をタップします。

③ マイリストにリストが追加されます。〈編集〉をタップします。

④ 〈グループを追加〉をタップします。

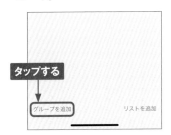

⑤ グループ名を入力し、〈含める〉をタップします。

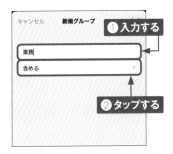

⑥ グループに追加したいリストの⊕をタップして⊖にします。〈新規グループ〉をタップして手順⑤の画面に戻り、〈作成〉→〈完了〉の順にタップすると、グループが作成されます。

7

メモを利用する

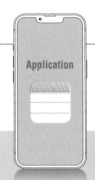

Application

iPhoneの<メモ>アプリでは、通常のキーボード入力に加えて、スケッチの作成や、写真の挿入などが可能です。iCloudと同期すれば、作成したメモをほかのiPhoneやiPadと共有できます。

◾ メモを作成する

1 ホーム画面で<メモ>をタップします。初回起動時は説明画面が表示されるので、<続ける>をタップします。

考えをスケッチする
思いついたことを手書きで思い通りに描けます。

タップする

続ける

2 「メモ」フォルダがある場合は<メモ>をタップして、☑ をタップします。

< フォルダ

メモ

Q 検索

タップする

メモなし

3 新規メモの作成画面が表示されます。キーボードで、文字や絵文字を入力することができます。入力が完了したら、<完了>をタップし、保存します。

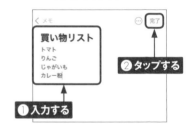

< メモ　　　　　　　　　　完了

買い物リスト
トマト
りんご
じゃがいも
カレー粉

②タップする

①入力する

4 手順③の画面で**Aa**をタップすると、下のメニューから文字の大きさや太さ、装飾などを選ぶことができます。

買い物リスト
トマト
りんご
じゃがいも
● カレー粉

タイトル　見出し　小見出し　本文　等幅

B　　I　　U　　S

⬠ <メモ>アプリの機能

●手書きスケッチ

P.188手順③の画面でⒶをタップすると、手書き入力モードに切り替わります。画面をドラッグすることで、文字や絵を描くことができます。

●メモのピン留め

P.188手順②の画面でメモを右方向にスワイプし、🔲をタップすると、画面上部にピン留めできます。解除するときは、固定したメモを右方向にスワイプし、🔲をタップします。

●タグ

メモではタグを利用できます。「#」に続けてタグにしたい言葉を入力します。タグは1つのメモに複数挿入可能で、タグで検索できるほか、タグごとのカスタムスマートフォルダも利用できます。

●写真内の文字検索

P.188手順②の画面で<検索>をタップすると、メモのテキスト以外にも手書きのテキスト、写真、スキャンした書類の文字検索ができます。なお、日本語表記（かな／カタカナ）には対応していません。

翻訳を利用する

Application

<翻訳>アプリでは、音声入力で任意の言語にリアルタイム翻訳ができます。また、言語をあらかじめダウンロードしておくと、電波の届かない場所でも利用できるようになります。

音声を翻訳する

1 ホーム画面で<翻訳>をタップします。

タップする

2 初回は機能の紹介が表示されるので、<続ける>をタップし、「Siriおよび音声入力の改善」画面が表示されたら、<オーディオ録音を共有>または<今はしない>をタップします。

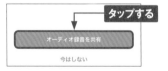

タップする

オーディオ録音を共有

今はしない

3 翻訳元の言語（ここでは「日本語」）と翻訳先の言語（ここでは「英語（アメリカ）」）の∨をタップして設定します。

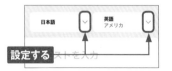

日本語 ∨　英語 アメリカ ∨

設定する

4 ●をタップします。

テキストを入力

タップする

5 翻訳したい内容を音声入力します。手順④の画面で<テキストを入力>をタップすると、テキスト入力もできます。

明日の会議は11時からです

音声入力する

6 翻訳した音声が自動再生され、テキストが画面に表示されます。

日本語
明日の会議は11時からです

英語 (アメリカ)
Tomorrow's meeting is
at eleven o'clock.

✕ <翻訳>アプリを活用する

●オフライン時にも使用できるようにする

① <翻訳>アプリを起動し、画面上部の言語の∨をタップします。

② <言語を管理>をタップします。

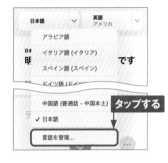

③ 言語をタップしてダウンロードすると、その言語がオフラインで使用可能になります。

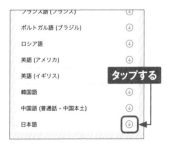

●翻訳をほかの人に見せる

① P.190手順⑥の画面で↖をタップします。

② 翻訳したテキストが大きく表示されます。▶をタップするとテキストの読み上げ、◻をタップすると、手順①の画面に戻ります。

Application

地図を利用する

iPhoneでは、位置情報を取得して現在地周辺の地図を表示できます。地図の表示方法も航空写真を合わせたものなどに変更して利用できます。

現在地周辺の地図を見る

(1) ホーム画面で<マップ>をタップします。初回起動時は説明画面が表示されるので、<続ける>をタップし、位置情報に関する画面が表示された場合は、<1度だけ許可>または<Appの使用中は許可>をタップします。

タップする

(2) マップの改善に関する画面が表示されたら、<許可><詳しい情報><許可しない>から選んでタップします。現在地が表示されていない場合は、 ⊿ をタップします。

タップする

(3) 現在地が青色の点で表示されます。地図を拡大表示したいときは、拡大したい場所を中心にピンチオープンします。画面の範囲外を見たいときは、ドラッグすると地図を移動できます。

ピンチオープンする

ドラッグする

MEMO 地球儀モード

地図をピンチクローズすると、地図が縮小されます。ピンチクローズを続けると地球儀モードになります。

⬿ 地図を利用する

●表示方法を切り替える

(1) ▥をタップします（アイコンは表示中の地図によって変化します）。

(2) <航空写真>をタップします。

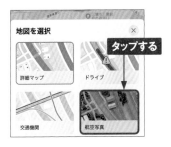

(3) 地図情報と航空写真を重ねた画面が表示されます。

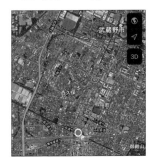

●建物の情報を表示する

(1) 建物やお店の名称をタップします。

(2) 建物やお店の名称、写真などが表示されます。上方向にスワイプすると、住所や電話番号などの詳細な情報が表示されます。

7

場所を検索する

① <マップで検索>をタップします。

② 場所の名前や住所を入力して、表示された検索候補をタップします。<Look Around>をタップすると、周囲の状況を確認できます。

③ 検索した場所の詳細が表示されます。経路（ここでは、<47分>）をタップします。

④ 現在地から目的地までの経路が表示されます。出発地を変更する場合は<現在地>をタップして出発地を入力して、<経路>をタップします。🚃をタップします（2021年10月現在日本では自転車の経路は利用できません）。

⑤ 交通機関での経路が表示されます。<出発>をタップすると、現在位置と経路の詳細が表示されます。終了するときは ∧ → <終了>の順にタップします。

MEMO　到着時刻を共有する

車での経路の場合、手順⑤の画面で<出発>をタップし、音声ナビが開始されたあとに、∧→<到着予定を共有>の順にタップします。共有したい相手をタップすると、到着予定時刻を共有できます。

交通機関の情報を確認する

① 運行状況を確認したい駅を地図で表示し、駅名をタップします。

② 詳細情報を上方向にスワイプします。

③ 通っている路線ごとに運行状況を確認できます。

MEMO 路線ごとやバスの運行状況を確認する

複数の路線が乗り入れている駅の場合は、手順②の画面で「出発情報」下部の路線名をタップすると、路線ごとの運行状況に情報を絞ることができます。また、P.193「表示方法を切り替える」を参考に地図を「交通機関」に切り替えると、バス停を選択できるようになり、路線バスの運行状況を確認できます。

7

195

Application

ファイルを利用する

<ファイル>アプリでは、iPhoneに保存されているファイルやiCloud上に保存しているファイルを閲覧したり、管理したりすることができます。また、外付けのドライブと接続し、ファイルを閲覧できます。

ファイルを閲覧する

(1) ホーム画面で<ファイル>をタップします。

(2) <ブラウズ>をタップし、閲覧したいファイルのある場所をタップして選択したら、閲覧したいファイルをタップします。

(3) ファイルを閲覧できます。<完了>をタップします。

(4) 手順②の画面に戻ります。

✕ ファイルを整理する

●フォルダを作成する

① P.196手順②で⋯をタップします。

② <新規フォルダ>をタップします。

③ フォルダの名前を入力し、<完了>をタップします。

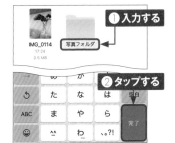

●フォルダにファイルを移動する

① 左の手順②の画面で<選択>をタップします。

② フォルダに移動したいファイルをタップして選択し、☐をタップします。

③ 移動先のフォルダ（ここでは<写真フォルダ>）をタップし、<移動>をタップします。

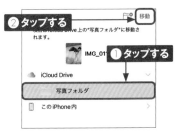

7

🖼 ファイルを圧縮・展開する

●ファイルを圧縮・展開する

① 圧縮したいファイルをタッチします。

② <圧縮>をタップします。

③ ファイルが圧縮されます。圧縮されたファイルをタップすると、展開されます。

●圧縮ファイルの中身を確認する

① 中身を確認したい圧縮ファイルをタッチします。

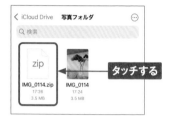

② <クイックルック>をタップします。

③ <内容をプレビュー>をタップすると、ファイルの中身が表示されます。

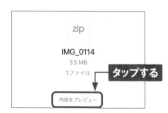

外付けドライブやサーバーのファイルを見る

① 外付けドライブとiPhone 13を Lightning - USBケーブルや Lightning - USBカメラアダプタ などを利用して接続します。「ブラウズ」画面に表示される接続した外付けドライブをタップします。外付けドライブのフォーマットによっては認識されない場合があります。

② 閲覧したいファイルをタップします。

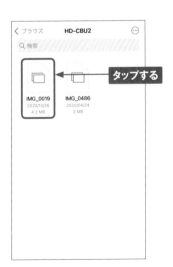

③ ファイルを閲覧できます。＜完了＞をタップすると手順②の画面に戻ります。

MEMO SMBサーバーのファイルを見る

SMBサーバーのファイルを見たいときは手順①の画面で⋯→＜サーバへ接続＞の順にタップし、画面に従って設定して接続します。

ヘルスケアを
利用する

Application

iPhoneでは、健康についての情報をヘルスケアアプリに集約して
管理することができます。また、Apple WatchやAirPodsと連携
することでより多くのデータを収集できます。

🖼 自分に関する基本的な健康情報を登録する

(1) ホーム画面で<ヘルスケア>を
タップします。

タップする

(2) 初回は「ようこそヘルスケアへ」
画面が表示されるので<続ける>
をタップします。

ようこそヘルスケアへ

この Appにより、あなたのヘルスケア情報を1
か所にまとめることができます。

重要な変更や通知を確認したり、データから新
しい気づきを得たり、重要なトピッ
学んだりすることができます　**タップする**

続ける

(3) 名前や生年月日などを入力し、
<完了>をタップします。すべて
の情報を設定しなくても、あとから
追加できます。

ヘルスケアの詳細を設定

ヘルスケアの詳細は、App が関連情　**タップする**
するために必要と

完了

MEMO ヘルスケアの詳細を追加する

<ヘルスケア>アプリを起動し、
⊙→<ヘルスケアの詳細>の順
にタップすると、血液型を登録
できます。身長や体重は<ブラ
ウズ>→<身体測定値>の順に
タップしてそれぞれ登録します。
また、メディカルIDを登録する
と、万が一の事故で自分が
iPhoneを操作できない状況で
もロック画面から重要な医療情
報を伝えることができます。

ヘルスケアの詳細	>
メディカル ID	>

■ <ヘルスケア>アプリでできること

<ヘルスケア>アプリには、自分の身体や健康に関するさまざまな情報を集約することができます。歩いた歩数や体重、心拍数、睡眠などの収集したデータは、<ヘルスケア>アプリで<ブラウズ>をタップして確認します。
また、栄養やフィットネスのサードパーティアプリや、Apple Watch、AirPods、体重計、血圧計などのデバイスと連携させてデータを収集することも可能です。

● 自動データ収集

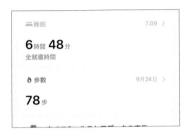

iPhoneを持ち歩くだけで歩行データやヘッドフォンの音量、睡眠履歴を自動的に収集します。

● Apple Watchとの連携

ペアリングすることで、睡眠中の呼吸数を測定して、一定期間内の睡眠傾向のレポートを表示したり、定期的に心拍数の測定値を記録したりできます。

● トレンド、ハイライト分析

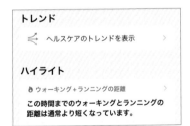

長期間データを収集していると、安静時心拍数、歩数、睡眠時間などのデータに大きな変化があったときに、トレンドとして表示されます。ハイライトには、最新のヘルスケアやフィットネスのデータが表示されます。

● ヘルスケアデータの共有

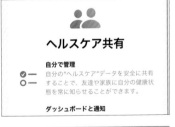

友達や家族など、<連絡先>アプリに登録されている人とヘルスケアデータを共有できます。共有することでアクティビティの急激な低下など、重大なトレンドの通知も共有されます。

Apple PayでSuicaを利用する

Application

Apple Payは、アップルの提供する電子決済サービスです。Suicaやクレジットカードを登録しておくと、交通機関を利用するときや、店舗で買い物をするときにスムーズに支払いができます。

◢ <ウォレット>アプリにクレジットカードを登録する

(1) ホーム画面で<ウォレット>をタップします。

タップする

(2) <追加>をタップします。Face IDの設定に関する画面が表示された場合は、Sec.68を参考にして設定してください。

タップする

(3) <クレジットカードなど>をタップします。

> 毎日使うカード、キー、パスを1か所にまとめておくことができます。
> タップする
> 利用可能なカード
> クレジットカードなど >
> 交通系ICカード >

(4) <続ける>をタップし、iPhoneのファインダーに登録したいカードを写します。

カードを追加

(5) 「カード詳細」画面で「名前」の欄をタップしてカードの名義を入力し、<次へ>をタップします。

< 戻る　　　　　　次へ

カード詳細

カード情報を確認してください。

名前

カード番号

❶入力する　　　❷タップする

<table>
<tr><td>⑥</td><td>有効期限とセキュリティコードを入力して、<次へ>をタップします。</td></tr>
</table>

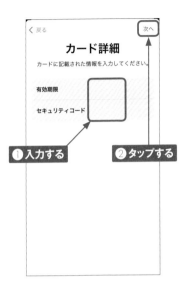

⑥ 有効期限とセキュリティコードを入力して、<次へ>をタップします。

< 戻る　　　　　　　　　　　次へ

カード詳細

カードに記載された情報を入力してください。

有効期限

セキュリティコード

❶ 入力する　　　　❷ タップする

⑦ 「利用特約」画面が表示されたら、内容を確認し、<同意する>をタップします。

Apple Payモバイルペイメント特約

第1章　総則

第1条（目的等）

1. 本特約は、株式会社ビューカード（以下「当社」といいます。）から所定の会員規約（以下「会員規約」という。）に基づきカード（ただし、当社が認めるカードに限られます。）の貸与を受けた会員が、Apple社が別途指定する機種のモバイル端末（以下「指定モバイル端末」という。）を使用する方法により、Apple Payを利用する場合において、そのサービス（以下「本サービス」という。）の内容・利用方法・その他の事項（以下、本サービスに係る会員と当社との間の契約関係を「本契約」という。）について定めるものとし、会員は、本特約に同意の上、本サービスの提供を受けるものとします。

2. 本特約に定めのない事項については、会員規約が適用されるものとします。

3. 本サービスについては、本特約のほか、Apple社約款が適用されます。

第2条（用語の定義）

本特約におけるそれぞれの用語の意味は、次のとおりです。本特約において特に定めのない用語については、会員規約における用語と同義の意味を有します。

(1)「利用者」とは、会員のうち、本契約の当事者として、本サービスの提供を受ける者をいいます。

(2)「Apple社」とは、利用者に対して、Apple Payを含む、指定モバイル端末に係るサービスを提供する「Apple Japan合同会社」をいい

タップする

同意しない　　　　　　　　　同意する

⑧ <次へ>をタップします。

QUICPay

QUICPay

"ビューカード（JRE CARD）" がウォレットに追加されました。このカードは QUICPay マークの掲示があるお店でご利用いただけます。

タップする

次へ

⑨ 「カード認証」画面が表示されたら、画面の指示に従って認証を行います。

次へ

VIEW CARD
JRE CARD
VISA

カード認証

Apple Pay で利用したいカードを認証する方法を選択してください。

SMS　　　　　　　　　　　　✓
＊＊＊＊＊＊

ビューカードに発信

7

◪ Suicaを発行する

(1) Sec.44を参考に事前にiPhone に<Suica>アプリをインストール しておき、ホーム画面でタップし て起動します。

(2) ⊕または<Suica発行>をタップ します。

(3) 左右にスワイプして、作成したい Suicaの種類(ここでは<Suica (無記名)>)を選択して、<発 行手続き>をタップします。

(4) 注意事項を確認し、問題なけれ ば<次へ>→<同意する>の順 にタップします。

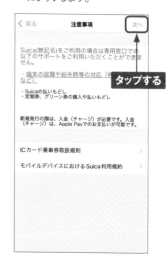

(5) Suicaにチャージする金額を設定します。＜金額を選ぶ＞をタップします。

(6) チャージしたい金額をタップします。

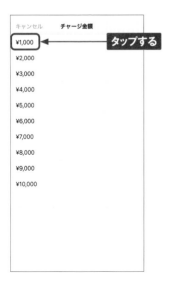

(7) ＜Payでチャージ＞をタップし、画面の指示に従って支払いをします。＜次へ＞→＜同意する＞→＜完了＞→＜OK＞の順にタップするとSuicaの発行が完了します。

MEMO Suicaを取り込む

手元にあるSuicaを取り込みたい場合は、P.204手順③の画面で、＜カード取り込み＞→＜発行手続き＞の順にタップします。＜交通系ICカード＞→＜Suica＞の順にタップし、画面の指示に従ってカードの情報を入力したら、＜次へ＞→＜同意する＞の順にタップします。Suicaカードの上にiPhoneを置いて取り込みましょう。なお、この操作を行うと、手元のSuicaカードは無効になり、利用できなくなります。

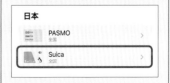

◪ <ウォレット>アプリからSuicaにチャージする

1 ホーム画面で<ウォレット>をタップします。

2 チャージしたいSuicaをタップします。

3 画面右上の⊙をタップします。

4 <チャージ>をタップし、画面の指示に従って操作します。

MEMO 現金をチャージする

現金でのSuicaへのチャージは、Suica加盟店の各種コンビニやスーパーのレジで行えます。店員にSuicaを現金でチャージしたいことを伝えましょう。また、一部の駅の券売機でも、現金でのチャージが可能です。

◪ <Suica>アプリにクレジットカードを登録する

(1) ホーム画面で<Suica>アプリを
タップして起動し、<チケット購入
Suica管理>をタップします。

(2) クレジットカードの登録には、モバ
イルSuicaの会員登録が必要で
す。していない場合は<会員登
録>→<同意する>の順にタップ
します。

(3) 画面に従って必要な情報を入力
し、<次へ>をタップします。パ
スワードと基本情報を入力したら
<完了>→<OK>の順にタップ
します。

(4) 手順①の画面が表示される場合
は再度<チケット購入Suica管
理>をタップし、<登録クレジット
カード情報変更>をタップします。

(5) 「カード番号」と「カード有効期限」
を半角で入力し、<次へ>をタッ
プして、画面の指示に従ってクレ
ジットカードを登録します。登録
後、手順①の画面で<入金
(チャージ)>をタップすると、チャー
ジ可能です。

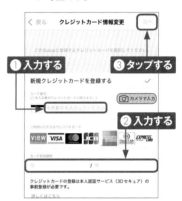

7

MEMO　Suicaを管理する

手順②の画面では、Suicaへの
オートチャージ(ビューカードが
必要)や定期券の購入、Suica
グリーン券やJR東海のエクスプ
レス予約など、Suicaに関する
さまざまな操作が行えます。

Application

FaceTimeを利用する

FaceTimeは、Appleが無料で提供している音声/ビデオ通話サービスです。iPhoneやiPadなど、FaceTimeに対応した端末同士での通話が可能です。

FaceTimeの設定を行う

1 ホーム画面で<設定>をタップします。なお、必要であればあらかじめSec.19を参考に、Wi-Fiに接続しておきます。

タップする

2 <FaceTime>をタップします。

メモ	>
リマインダー	>
ボイスメモ	>
電話	>
メッセージ	>
FaceTime	>
Safari	>
株価	>
天気	>

タップする

3 「FaceTime」が ◯ になっている場合はタップします。

< 設定　　　FaceTime

FaceTime

あなたの電話番号またはメールアドレスを使って、ほかの人がFaceTime経由でお使いのすべてのデバイスに連絡できます。iMessage/FaceTimeとプライバシーについて

タップする

4 FaceTimeがオンになります。Apple IDにサインインしている場合は自動的にApple IDが設定されます。

FaceTime

あなたの電話番号またはメールアドレスを使って、ほかの人がFaceTime経由でお使いのすべてのデバイスに連絡できます。iMessage/FaceTimeとプライバシーについて

FACETIME着信用の連絡先情報

✓　+81 70 0000 0000

✓　seigo0808hashimoto@icloud.com

発信者番号

✓　+81 70 0000 0000

7

⑤ 「FACETIME着信用の連絡先情報」に電話番号と、Apple IDのメールアドレスが表示されます。

⑥ 手順⑤の画面の「発信者番号」で、FaceTimeの発信先として利用したい電話番号かメールアドレスをタップして、チェックを付けます。

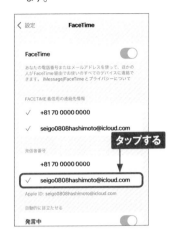

 FaceTimeをWi-Fi接続時のみ利用する

ホーム画面で<設定>→<モバイル通信>の順にタップし、「FaceTime」の ⚪️をタップして ⚪️ にすると、FaceTimeがWi-Fi接続時のみ利用できるように設定できます。

▲ FaceTimeでビデオ通話する

1 ホーム画面で＜FaceTime＞を
タップします。

2 ＜新しいFaceTime＞をタップし
ます。

3 名前の一部を入力すると、連絡
先に登録され、FaceTimeをオン
にしている人が表示されます。
FaceTimeでビデオ通話をしたい
相手をタップし、＜FaceTime＞
をタップします。

4 呼び出し中の画面になります。
通話を終了するときは、＜終了＞
をタップします。

MEMO **FaceTimeで
音声通話をする**

FaceTimeで音声通話をすると
きは、手順③の画面で📞をタッ
プします。

✖ AndroidやWindowsとビデオ通話をする

① P.210手順②の画面で<リンクを作成>をタップします。

タップする

② リンクの送信方法を選択します。ここでは<メール>をタップします。

タップする

③ FaceTime通話へのリンクがメールに添付されるので、宛先や件名を入力してビデオ通話したい相手にメールを送信します。

添付された

④ 手順①の画面で「今後の予定」欄の<FaceTime>→<参加>の順にタップすると、ビデオ通話を開始できます。

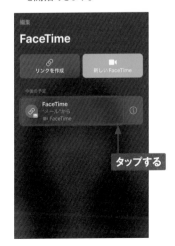

タップする

7

◤ 背景をぼかしてビデオ通話をする

1 FaceTimeのビデオ通話中の画面で自分のタイルをタップします。

タップする

2 🖼をタップします。

タップする

3 ポートレートモードがオンになり、背景にぼかしがかかります。

MEMO コントロールセンターから ぼかしの設定をする

FaceTimeでビデオ通話中にコントロールセンターを表示し（Sec.05参照）、＜エフェクト＞→＜ポートレート＞の順にタップすることでも背景をぼかすことができます。

◪ FaceTimeの機能

FaceTimeでは、ビデオ通話の際にポートレートモードで背景をぼかすだけではなく、会話を楽しむためのさまざまな機能を利用できます。

●マイクのオン／オフ

ビデオ通話中にタップすることでマイクのオン／オフを切り替えられます。

●カメラのオン／オフ

ビデオ通話中にタップすることでカメラのオン／オフを切り替えられます。

●エフェクトの追加

ステッカーやフィルターなどのエフェクトを自分の画面に追加できます。

●グループ通話

複数人を通話に招待すると、グループ通話を楽しめます。画面上のそれぞれの位置から声が聞こえるよう感じられます。

●周囲の音を除去

通話中にコントロールセンターで＜マイクモード＞→＜声を分離＞の順にタップすると、周囲の音を遮断でき、自分の声が相手にはっきり聞こえるようになります。

●周囲の音を含める

通話中にコントロールセンターで＜マイクモード＞→＜ワイドスペクトル＞の順にタップします。

AirDropを利用する

Application

AirDropを使うと、AirDrop機能を持つ端末同士で、近くにいる人とかんたんにファイルをやりとりすることができます。写真や動画などを目の前の人にすばやく送りたいときに便利です。

AirDropでできること

すぐ近くの相手と写真や動画などさまざまなデータをやりとりしたい場合は、AirDropを利用すると便利です。AirDropを利用するには、互いにWi-FiとBluetoothを利用できるようにし、受信側がAirDropを＜連絡先のみ＞、もしくは＜すべての人＞に設定する必要があります。

AirDropでは、写真や動画のほか、連絡先、閲覧しているWebサイトなどがやりとりできます。対象機種はiOS 7以降を搭載したiPhone、iPad、iPod touchと、OS X Yosemite以降を搭載したMacです。

また、見知らぬ人からAirDropで写真を送りつけられることを防ぐために、普段はAirDropの設定を＜連絡先のみ＞、または＜受信しない＞にしておくとよいでしょう。

画面右上を下方向にスワイプしてコントロールセンターを開き、左上にまとめられているコントロールをタッチします。＜AirDrop＞をタップします。Wi-FiとBluetoothがオフの場合は、タップしてオンにします。受信側は、＜AirDrop＞が＜受信しない＞の場合は、タップします。

＜すべての人＞をタップすると周囲のすべての人が、＜連絡先のみ＞をタップすると連絡先に登録されている人のみが自分のiPhoneを検出できるようになります（iCloudへのサインインが必要）。AirDropの利用が終わったら、＜受信しない＞をタップします。

✕ AirDropで写真を送信する

① ホーム画面で＜写真＞をタップします。

② 送信したい写真を表示して、🔄をタップします。

③ 送信先の相手が近くにいる場合は、iPhoneを相手に向けます。＜AirDrop＞をタップします。

④ 送信先の相手が表示されたらタップします。なお、送信先の端末がスリープモードのときは、表示されません。送信先の端末で＜受け入れる＞をタップすると、写真が相手に送信されます。

7

音声でiPhoneを操作する

Application

音声でiPhoneを操作できる機能「Siri」を使ってみましょう。iPhoneに向かって操作してほしいことを話しかけると、内容に合わせた返答や操作をしてくれます。

Siriを使ってできること

SiriはiPhoneに搭載された人工知能アシスタントです。サイドボタンを長押ししてSiriを起動し、Siriに向かって話しかけると、リマインダーの設定や周囲のレストランの検索、流れている音楽の曲名を表示してくれるなど、さまざまな用事をこなしてくれます。「Hey Siri」機能をオンにすれば、iPhoneに「Hey Siri」（ヘイシリ）と話しかけるだけでSiriを起動できるようになります。アプリを利用するタイミングなどを学習して、次に行うことを予測し、さまざまな提案を行ってくれます。

「Hey Siri」機能をオンにする際に、自分の声だけを認識するように設定できます。

「SIRIからの提案」では、使用者の行動を予想し、使う時間帯や場所に合わせたアプリなどを表示してくれます。

Siriに「翻訳して」と話しかけ、翻訳してほしい言葉を話すと、翻訳してくれます。

聞いている曲の曲名がわからない場合は、Siriに「曲名を教えて」と話しかけ、曲を聞かせると曲名を教えてくれます。

◪ Siriの設定を確認する

① ホーム画面で<設定>をタップします。

タップする

② <Siriと検索>をタップします。

設定

⚙️ 一般 >
🎛 コントロールセンター >
🔆 画面表示と明るさ >
📱 ホーム画面 >
♿ アクセシビリティ >
🖼 壁紙 >
🔵 Siriと検索 >
🆔 Face IDとパスコード >
🆘 緊急SOS >
📡 接触通知 >
🔋 バッテリー >
✋ プライバシー >

タップする

📶 App Store

③ 「サイドボタンを押してSiriを使用」が ○ になっている場合はタップして、<Siriを有効にする>をタップし、Siriの声を選択して、<完了>をタップします。

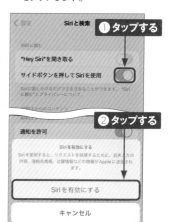

① タップする

"Hey Siri"を聞き取る

サイドボタンを押してSiriを使用

② タップする

通知を許可

Siriを有効にする

Siriを使用すると、リクエストを処理するために、音声入力の内容、連絡先情報、位置情報などの情報がAppleに送信されます。

Siriを有効にする

キャンセル

📝 MEMO Siriの位置情報をオンにする

現在地の天気を調べるなど、Siriで位置情報に関連した機能を利用する場合は、ホーム画面で<設定>→<プライバシー>→<位置情報サービス>の順にタップします。<Siriと音声入力>をタップして、<このAppの使用中のみ許可>をタップしてチェックを付けます。

< 戻る　　Siriと音声入力

タップする

位置情報の利用を許可

なし

このAppの使用中のみ許可　✓

7

✕ Siriの利用を開始する

(1) サイドボタンを長押しします。

長押しする

(2) Siriが起動するので、iPhoneに操作してほしいことを話しかけます。ここでは例として、「午前8時に起こして」と話してみます。

(3) アラームが午前8時に設定されました。終了するにはサイドボタンを押します。

押す

MEMO 話しかけてSiriを呼び出す

Siriをオンにしたあとで、P.217手順③のあとの画面で<"Hey Siri"を聞き取る>の ◯ をタップして、<続ける>をタップし、画面の指示に従って数回iPhoneに向かって話しかけます。最後に<完了>をタップすれば、サイドボタンを押さずに「Hey Siri」と話しかけるだけで、Siriを呼び出すことができるようになります。なお、この方法であれば、iPhoneがスリープ状態でも、話しかけるだけでSiriを利用できます。

"Hey Siri"を設定

"Hey Siri"と話しかけたときに、Siriがあなたの声を認識します。

◪ Siriショートカットとは

Siriショートカットとは、Siriに1つ指示を与えるだけで、複数のタスクを行ってくれるという便利な機能です。＜ショートカット＞アプリには、さまざまなサンプルのショートカットが用意されているので、そのまま使えます。さらに、自分で自由に組み合わせて、オリジナルのショートカットを作成することもできます。

＜ショートカット＞アプリでは、サンプルのショートカットのほかにも、自分で自由にショートカットを作成することができます。

◪ ショートカットを設定する

(1) ホーム画面から＜ショートカット＞をタップしてアプリを起動し、＜続ける＞をタップします。

(2) ＜ギャラリー＞をタップします。

 オリジナルのショートカットを作成

自分で自由にショートカットを作成したい場合は、手順②の画面で＜ショートカットを作成＞をタップします。

③

画面を上方向にスワイプして、設定したいショートカット（ここでは<洗濯タイマー>）をタップします。

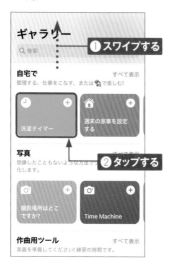

⑤

<マイショートカット>→<すべてのショートカット>の順にタップすると、「すべてのショートカット」画面にショートカットが追加されます。

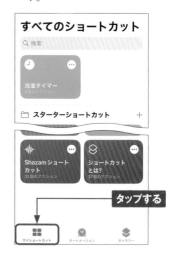

④

<ショートカットを追加>をタップします。

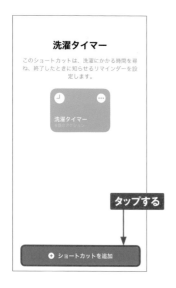

⑥

P.218手順①を参考にSiriを呼び出し、「洗濯タイマー」と話しかけます。以降はSiriの指示に従って、話しかけながら時間などを設定します。

7

iCloudを活用する

Application

iCloudでできること

iCloudとは、Appleが提供するクラウドサービスです。メール、連絡先、カレンダーなどのデータを、iCloudを経由してパソコンと同期できます。

✕ インターネットの保管庫にデータを預けるiCloud

iCloudは、Appleが提供しているクラウドサービスです。クラウドとはインターネット上の保管庫のようなもので、iPhoneに保存しているさまざまなデータを預けておくことができます。またiCloudは、iPhone以外にもiPad、iPod touch、Mac、Windowsパソコンにも対応しており、それぞれの端末で登録したデータを、互いに共有することができます。なお、iCloudは無料で5GBまで利用できますが、月額130円で50GB、月額400円で200GB、月額1,300円で2TBの容量追加と、専用の機能を利用できます。Apple Music、Apple TV+、Apple Arcade、iCloudをまとめて購入できるApple Oneの場合は、月額1,100円の個人プランで50GB、月額1,850円のファミリープランで200GBの容量を利用できます。

●iCloudのしくみ

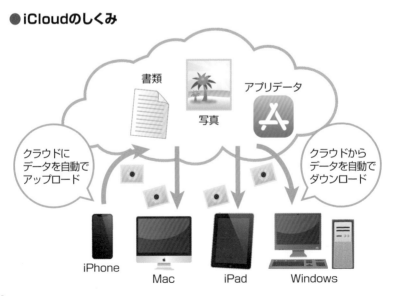

書類　写真　アプリデータ

クラウドに
データを自動で
アップロード

クラウドから
データを自動で
ダウンロード

iPhone　Mac　iPad　Windows

⬛ iCloudで共有できるデータ

iPhoneにiCloudのアカウントを設定すると、メール、連絡先、カレンダーやSafariのブックマークなど、さまざまなデータを自動的に保存してくれます。また、「@icloud.com」というiCloud用のメールアドレスを取得できます。

さらに、App StoreからiCloudに対応したアプリをインストールすると、アプリの各種データをiCloud上で共有できます。

●iCloudの設定画面

カレンダーやメール、連絡先をiCloudで共有すれば、ほかの端末で更新したデータがすぐにiPhoneに反映されるようになります。

●「探す」機能

「探す」機能を利用すると、万が一の紛失時にも、iPhoneの現在位置をパソコンで確認したり、リモートで通知を表示させたりできます。

8

 MEMO iCloud（無料）で利用できる機能

iPhoneでは、iCloudの下記の機能が利用できます。

- ・iCloud Drive
- ・書類とデータの同期
- ・連絡先やカレンダーの同期
- ・リマインダーの同期
- ・探す
- ・ファミリー共有

- ・メール（@icloud.com）
- ・メモの同期
- ・マイフォトストリーム
- ・Safariの同期
- ・iCloudキーチェーン
- ・iCloud写真

iCloudに
バックアップする

Application

iPhoneは、パソコンのiTunesと同期する際に、パソコン上に自動でバックアップを作成します。このバックアップをパソコンのかわりにiCloud上に作成することも可能です。

iCloudバックアップをオンにする

1 ホーム画面から<設定>→自分の名前の順にタップして、<iCloud>をタップします。

タップする

2 <iCloudバックアップ>をタップします。

タップする

3 「バックアップ」画面が表示されるので、「iCloudバックアップ」が ⬤ になっていることを確認します。「iCloudバックアップ」が になっている場合はタップします。

タップする

4 「iCloudバックアップ」が ⬤ になりました。以降は、P.225MEMOの条件を満たせば、自動でバックアップが行われるようになります。

8

✕ iCloudにバックアップを作成する

① 手動でiCloudにバックアップを作成したいときは、Wi-Fiに接続した状態で、「バックアップ」画面で、<今すぐバックアップを作成>をタップします。

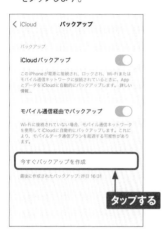

タップする

② バックアップが作成されます。バックアップの作成を中止したいときは、<バックアップの作成をキャンセル>をタップします。

③ バックアップの作成が完了しました。前回iCloudバックアップが行われた日時が表示されます。

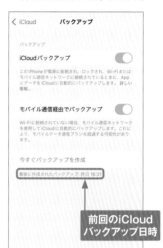

前回のiCloud
バックアップ日時

8

MEMO 自動バックアップが行われる条件

自動でiCloudにバックアップが行われる条件は以下のとおりです。

・電源に接続している
・ロックしている
・Wi-Fiに接続している

なお、バックアップの対象となるデータは、撮影した動画や写真、アプリのデータやiPhoneに関する設定などです。アプリ本体などはバックアップされませんが、復元後、自動的にiPhoneにダウンロードされます。

iCloudの同期項目を設定する

Application

カレンダーやリマインダーはiCloudと同期し、連絡先はパソコンのiTunesと同期するといったように、iCloudでは、個々の項目を同期するかしないかを選択することができます。

iPhoneのiCloudの同期設定を変更する

●同期をオフにする

(1) P.224手順①を参考に「iCloud」画面を表示し、iCloudと同期したくない項目の ◯ をタップして ◯ にします。ここでは、「Safari」の ◯ をタップします。

(2) 以前同期したiCloudのデータを削除するかどうか確認されます。iCloudのデータをiPhoneに残したくない場合は、＜iPhoneから削除＞をタップします。

●同期をオンにする

(1) iCloudと同期したい項目の ◯ をタップして、◯ にします。ここでは「Safari」の ◯ をタップします。

(2) ＜Safari＞に既存のデータがある場合は、iCloudのデータと結合してよいか確認するメニューが表示されます。＜結合＞をタップします。

iCloud写真や
iCloud共有アルバムを利用する

Application

「iCloud写真」は、撮影した写真や動画を自動的にiCloudに保存する
サービスです。保存された写真はほかの端末などからも閲覧できます。
また、写真を友だちと共有する「iCloud共有アルバム」機能もあります。

iCloudを利用した写真の機能

iCloudを利用した写真の機能には、大きく分けて次の2つがあります。

● 写真の自動保存

「iCloud写真」機能により、iPhoneで撮影した写真や動画を自動的にiCloudに保存します。保存された写真は、ほかの端末やパソコンなどからも閲覧することができます。初期設定では有効になっており、iCloudストレージの容量がいっぱいになるまで（無料プランでは5GB）保存できます。

● 写真の共有

「iCloud共有アルバム」機能により、作成したアルバムを友だちと共有して閲覧してもらうことができます。なお、iCloudのストレージは消費しません。

MEMO iCloudストレージの容量を買い足す

iCloud写真で写真やビデオをiCloudに保存していると、無料の5GBの容量はあっという間にいっぱいになってしまいます。有料で容量を増やすには、P.224手順②の画面で「容量」の<ストレージを管理>をタップします。<ストレージプランを変更>をタップして、「50GB」「200GB」「2TB」のいずれかのプランを選択します。

iCloud+には、すべてのデータを安全に保存するのに十分なストレージおよびプライバシー保護を確保する機能が搭載されています。

iCloud+の詳しい情報

50GB	月額 ¥130	✓
200GB	月額 ¥400	○
2TB	月額 ¥1,300	○

🅧 設定を確認する

1 P.224手順①を参考に「iCloud」画面を表示し、＜写真＞をタップします。

2 「iCloud写真」と「共有アルバム」が◯になっていることを確認します。iCloud写真を無効にしたい場合は、「iCloud写真」の◯をタップします。

3 iCloud写真が無効になり、自動で保存されないようになります。

MEMO マイフォトストリームとは

古いApple IDを使用している場合、手順②の画面で「マイフォトストリーム」の項目が表示されることがあります。マイフォトストリームは、従来使われていた写真のiCloudへの自動保存機能です。保存枚数や保存期間に制限がありますが、iCloudストレージを消費しないという利点があります。写真のバックアップが目的でなければマイフォトストリームのほうが便利に使える場合もあるので、目的に応じて使い分けるとよいでしょう。

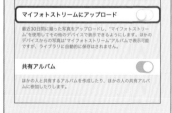

友だちと写真を共有する

1 <写真>アプリを起動して、「アルバム」タブを開き、画面左上の＋をタップし、<新規共有アルバム>をタップします。

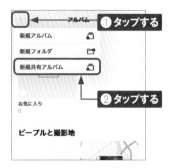

2 アルバム名を入力し、<次へ>をタップします。

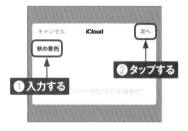

3 写真を共有したい相手のアドレスを入力し、<作成>をタップします。

4 画面下部の<アルバム>をタップすると、作成された共有アルバムが確認できます。

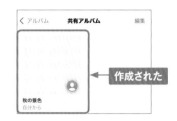

5 共有先の相手にはこのようなメッセージが届きます。メッセージに記載されているURLをタップすると、以降は相手も閲覧ができるようになります。

MEMO 共有アルバムに写真を追加する

手順④の画面で、作成した共有アルバムをタップし、＋をタップします。追加したい写真をタップして<完了>→<投稿>の順にタップすると、写真が追加されます。

iCloud Driveを利用する

Application

iCloud Driveを利用すれば、複数のアプリのファイルを、iCloudの中に安全に保存しておけます。保存したファイルは、WindowsパソコンやMac、iPadなどのApple製品からいつでもアクセスできます。

iCloud Driveにファイルを保存する

1 ここでは写真をiCloud Driveに保存します。P.158を参考に、iCloud Driveに保存したい写真を表示し、画面左下の🔼をタップします。

タップする

2 共有メニューが表示されます。上方向にスワイプし、<"ファイル"に保存>をタップします。

- ビデオとして保存
- iCloudリンクをコピー
- 日付と時刻を調整 ①スワイプする
- 位置情報を調整
- 文字盤作成
- "ファイル"に保存
- 連絡先に割り当てる
- プリント ②タップする

3 <iCloud Drive>をタップして<保存>をタップすると、写真がiCloud Driveに保存されます。

②タップする ➡ 保存

"IMG_0074.HEIC"は iCloud Drive に保存されます。

IMG_0074

iCloud Drive

このiPhone内 ①タップする

MEMO アプリのフォルダ

iCloud Driveに対応したアプリ（「Pages」「Numbers」「Keynote」など）を利用すると、そのアプリ用のフォルダがiCloud Driveに作成されます。そのアプリで作成、編集したファイルは、このフォルダに保存されます。

IMG_0074   Pages   ダウンロード

iCloud Driveのファイルを閲覧する

1 ホーム画面から<ファイル>をタップします。

タップする

2 閲覧したいファイルをタップします。

タップする

3 ファイルの内容が表示されます。

MEMO <ファイル>アプリでほかのストレージサービスを利用する

<ファイル>アプリでは、「Dropbox」や「Googleドライブ」「Box」「OneDrive」など、ほかのクラウドストレージサービスのアプリと連携して、ファイル管理を行うことができます。あらかじめこれらのクラウドサービスのアプリをインストールし、アカウントにログインしておき、<ファイル>アプリで、<ブラウズ>→⋯→<編集>の順にタップします。インストールしたクラウドサービスが表示されるので、利用したいクラウドサービスを有効にすると、「ブラウズ」画面に表示されるようになります。

8

Application

iPhoneを探す

iCloudの「探す」機能で、iPhoneから警告音を鳴らしたり、遠隔操作でパスコードを設定したり、メッセージを表示したりすることができます。万が一に備えて、確認しておきましょう。

❎ iPhoneから警告音を鳴らす

1 パソコンのWebブラウザで iCloud（https://www. icloud.com/）にアクセスします。iPhoneに設定しているApple IDを入力し、→をクリックします。

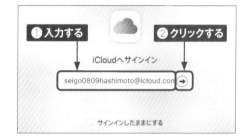

2 パスワードを入力し、→を クリックします。

3 「またはすぐにアクセスする」の<iPhoneを探す>をクリックします。

4 iPhoneの位置が表示されるので、◉をクリックして①をクリックします。

iPhone 13 Pro Max
1分前

①クリックする → ②クリックする

5 <サウンド再生>をクリックすると、iPhoneから警告音が鳴ります。

iPhone 13 Pro Max
1分以内

クリックする →

🔊
サウンド再生

紛失モード

🗑
iPhoneを消去

6 iPhoneの画面に、メッセージが表示されます。

「iPhoneを探す」アラート

OK

MEMO 最後の位置情報を送信する

iPhoneの「探す」機能は、標準でオンになっています。iPhoneがインターネットに接続されていない状態でも利用可能です。<設定>→自分の名前→<探す>→<iPhoneを探す>の順にタップして「最後の位置情報を送信」をオンにすると、バッテリーが切れる少し前に、iPhoneの位置情報が自動で、Appleのサーバーに送信されます。そのためiPhoneの電池残量がなくなって電源がオフになる寸前に、iPhoneがどこにあったかを知ることができます。また、<"探す"のネットワーク>または<"オフラインのデバイスを探す"を有効にする>をオンにすると、オフラインのiPhoneを探すことができます。iOS 15からは、電源が切れていたり（最大24時間）、データが消去されてしまったりした端末でも探せるようになりました。

8

233

❌ 紛失モードを設定する

① P.233手順⑤の画面で＜紛失モード＞をクリックします。

② iPhoneにパスコードを設定していない場合は、パスコードを2回入力します。

③ iPhoneの画面に表示する任意の電話番号を入力し、＜次へ＞をクリックします。

④ 電話番号と一緒に表示するメッセージを入力し、＜完了＞をクリックすると、紛失モードが設定されます。

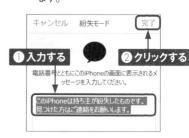

⑤ iPhoneの画面に、入力した電話番号とメッセージが表示されます。＜電話＞をタップすると、入力した電話番号に発信できます。画面下部から上方向にスワイプすると、パスコードの入力画面が表示されます。手順②で設定したパスコードを入力してロックを解除すると、紛失モードの設定も解除されます。

MEMO iPhoneを消去する

手順①の画面で＜iPhoneを消去＞をクリックして画面の指示に従って操作すると、iPhoneのデータがリセットされます。なお、リセットすると、所有者のApple IDでサインインしないと利用できなくなります。

iPhoneを
もっと使いやすくする

ホーム画面を
カスタマイズする

OS・Hardware

アイコンの移動やフォルダによる整理を行うと、ホーム画面が利用しやすくなります。ウィジェットやAppライブラリを活用すると、より便利に使えるように工夫することができます。

Appアイコンを移動する

1 ホーム画面上のいずれかのアプリのアイコンをタッチし、表示されるメニューで＜ホーム画面を編集＞をタップします。

2 アイコンが細かく揺れ始めるので、移動させたいアイコンをほかのアイコンの間までドラッグします。

3 画面から指を離すと、アイコンが移動します。 Dockのアイコンをドラッグしてアイコンを入れ替えることもできます。画面右上の＜完了＞をタップすると、変更が確定します。

MEMO ほかのページに移動する

ホーム画面のほかのページに移動する場合は、移動したいアイコンをタッチし、画面の端までドラッグすると、ページが切り替わります。アイコンを配置したいページで指を離すとアイコンが移動するので、画面右上の＜完了＞をタップして確定します。

▲ フォルダを作成する

(1) ホーム画面でフォルダに入れたいアプリのアイコンをタッチし、表示されるメニューで＜ホーム画面を編集＞をタップします。

② タップする

App を削除
ホーム画面を編集
新しいエピソードを確認
検索

● タッチする

(2) 同じフォルダに入れたいアプリのアイコンの上にドラッグし、画面から指を離すとフォルダが作成され、両アプリのアイコンがフォルダ内に移動します。

ドラッグする

(3) フォルダ名は好きな名前に変更できます。名前欄をタップして入力し、＜完了＞（または＜Done＞）をタップします。

趣味

● 入力する

② タップする

(4) フォルダの外をタップし、画面右上の＜完了＞をタップすると、ホーム画面の変更が保存できます。

完了

東京
24°
曇り時々晴れ
最高:26° 最低:17°

東京ド **タップする**
小石川後楽園

フォルダが作成された

MEMO アイコンを フォルダの外に移動する

アイコンをフォルダの外に移動するときは、移動したいアプリのアイコンをタッチし、表示されるメニューで＜ホーム画面を編集＞をタップして、アイコンをフォルダの外までドラッグしたら、画面右上の＜完了＞をタップします。

ドラッグする

■ ウィジェットをホーム画面に追加する

1 ホーム画面の何もないところをタッチします。

タッチする

2 画面左上の ＋ をタップします。

タップする

3 追加したいウィジェット（ここでは、＜スマートスタック＞）をタップします。

Q ウィジェットを検索

スマートスタック ← タップする

App Store

Game Center

4 画面を左右にスワイプして追加するウィジェットのサイズを選択し、＜ウィジェットを追加＞をタップします。

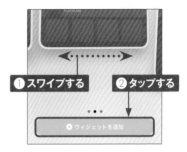

①スワイプする　②タップする

● ウィジェットを追加

5 ホーム画面にウィジェットが追加されます。

6 ウィジェットをドラッグして移動できます。画面右上の＜完了＞をタップしてホーム画面を保存します。

①ドラッグする　②タップする

9

◢ スマートスタックを利用する

● ウィジェットを切り替える

1. スマートスタックは複数のアプリの情報を表示できるウィジェットです。スマートスタックを上下にスワイプします。

スワイプする

2. 下方向にスワイプすると1つ前、上方向にスワイプすると次のウィジェットが表示されます。

MEMO スマートスタックにウィジェットを追加する

スマートスタックに別のウィジェットを追加するには、P.238手順①～⑤を参考にホーム画面にウィジェットを追加し、スマートスタックの上にドラッグします。

ドラッグする

● スマートスタックを編集する

1. スマートスタックをタッチし、表示されるメニューで<スタックを編集>をタップします。

①タッチする 〜を削除 **②タップする**

2. 「スマートローテーション」が「オン」になっていると、時間帯などによって自動で表示されるウィジェットが切り替わります。

3. ウィジェットをタッチして、上下にドラッグすると、ウィジェットの順番を変えられます。ウィジェットの⊖をタップするとスマートスタックからウィジェットを削除できます。

タップする

9

◪ Appライブラリを利用する

●自動分類

Appライブラリでは、iPhoneにインストールされているすべてのアプリがカテゴリごとに自動分類されています。各カテゴリには、よく使うアプリが表示され、タップして起動できます。複数の小さなアプリアイコンが表示されている場合は、小さなアプリアイコンをタップすることでカテゴリが展開されます。

●検索

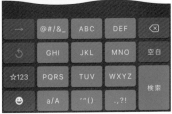

「Appライブラリ」画面上部の検索欄にアプリ名を入力し、キーボードの＜検索＞をタップすると、iPhoneにインストールされているすべてのアプリを検索できます。

●最近追加した項目

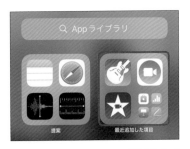

「最近追加した項目」には、直近にインストールしたアプリが表示されます。

●提案

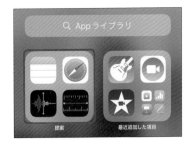

「提案」には、すべてのアプリの中でもっともよく利用するアプリが表示されます。

9

✕ ホーム画面を非表示にする

1 ホーム画面の何もないところを
タッチし、画面下部に並んでいる
丸印をタップします。

2 非表示にしたいホーム画面の◯を
タップして◯にし、＜完了＞をタッ
プします。なお、ホーム画面をタッ
チしてドラッグすることで、順番を
入れ替えることができます。

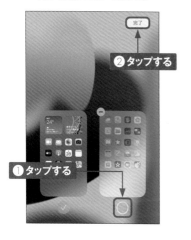

3 丸印が非表示にしたホーム画面
の数だけ減ります。画面右上の
＜完了＞をタップしてホーム画面
を保存します。

📝 **MEMO**　新しいアプリの
ダウンロード先を変更する

ホーム画面を非表示にすると、
新しいアプリをダウンロードした
ときにアプリアイコンがホーム画
面に追加されなくなり、Appラ
イブラリから起動する必要があり
ます。新しいアプリをホーム画
面に追加する設定に戻すには、
ホーム画面で＜設定＞→＜ホー
ム画面＞の順にタップし、＜ホー
ム画面に追加＞をタップして選択
します。

9

Application

壁紙を変更する

iPhoneの壁紙を変更しましょう。標準で多数の壁紙が用意されており、カメラで撮影した写真や、常に動いているダイナミック壁紙を設定することができます。

🖼 ロック画面の壁紙を変更する

1 ホーム画面で＜設定＞をタップします。

タップする

2 ＜壁紙＞をタップします。

タップする

3 ＜壁紙を選択＞をタップします。

タップする

4 ＜静止画＞をタップします。なお、＜ダイナミック＞をタップすると、動きのある壁紙を選択できます。

タップする

⑤ 設定する壁紙のサムネイルをタップします。

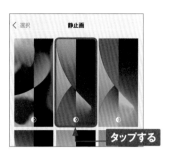

タップする

⑥ 選択した壁紙のプレビューが表示されます。＜設定＞をタップします。

タップする

視差効果: オン

キャンセル 設定

⑦ ＜ロック中の画面に設定＞をタップします。＜ホーム画面に設定＞をタップすると、ホーム画面の壁紙が変更されます。

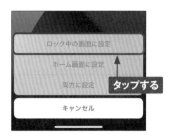

ロック中の画面に設定

ホーム画面に設定

両方に設定 タップする

キャンセル

⑧ ロック画面の壁紙が変更されます。

12:40
9月28日 火曜日

9

 MEMO 撮影した写真を壁紙に設定する

壁紙の変更は、iPhoneにあらかじめ入っている画像以外にも、＜写真＞アプリに入っている自分で撮影した写真などを設定できます。P.242手順④で＜すべての写真＞など、アルバムをタップして、壁紙に設定したい写真をタップします。

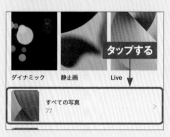

タップする

ダイナミック 静止画 Live

すべての写真
77

く 選択 すべての写真

タップする

243

コントロールセンターを
カスタマイズする

Application

コントロールセンターでは、機能の追加や削除、移動など、自由
にカスタマイズすることができます。また、触覚タッチを利用できる
機能もあります。

コントロールセンターにアイコンを追加する

1 ホーム画面で＜設定＞をタップし
ます。

タップする

2 ＜コントロールセンター＞をタップ
します。

設定

🔔 通知 >
🔊 サウンドと触覚 >
🌙 集中モード >
⏳ スクリーンタイム >

タップする

⚙️ 一般 >
🎛 コントロールセンター >
🔆 画面表示と明るさ

3 追加したい機能の ⊕ をタップして
追加します。

< 設定　コントロールセンター

コントロールセンターを開くには画面右上から下にスワイ
プします。

App 使用中のアクセス ⬤

App 使用中でもコントロールセンターへのアクセスを許可
します。

⊖ 🖩 計算機 ≡
⊖ 📷 カメラ ≡
⊖ 📲 コードスキャナー ≡

タップする

⊕ Apple TV リモコン
⊕ アクセシビリティのショートカ…
⊕ アクセスガイド

MEMO アイコンを削除する

手順③の画面で、⊖→＜削除＞
の順にタップすると、アイコンを
削除できます。また、≡ を上下
にドラッグすると、順番を入れ替
えることができます。

✕ 追加できる機能

コントロールセンターに追加できる機能は24種類です。なお、「フラッシュライト」「タイマー」「計算機」「カメラ」「コードスキャナー」は、初期状態で設定されている機能です（P.23参照）。

❶Apple TV リモコン
Apple TV用のリモコンです。再生や一時停止などの操作が可能です。

❷アクセシビリティのショートカット
AssistiveTouchなどのオン／オフを切り替えられます。

❸アクセスガイド
アクセスガイドのオン／オフを切り替えられます。

❹アラーム
＜時計＞アプリが起動し、アラームを設定できます。

❺ウォレット
＜Wallet＞アプリが起動し、すべてのパスにアクセスできます。タッチするとパスを表示させたり、カードを追加したりできます。

❻サウンド認識
サイレンやペットの鳴き声などを認識して知らせてくれます。

❼ストップウォッチ
＜時計＞アプリが起動し、ストップウォッチを利用できます。

❽ダークモード
ダークモードのオン／オフを切り替えられます。

❾テキストサイズ
テキストサイズを調節できます。

❿ボイスメモ
＜ボイスメモ＞アプリが起動します。

⓫ホーム
＜ホーム＞アプリに登録した照明などのHomeKit対応アクセサリにアクセスできます。

⓬ミュージック認識
タップすると周囲や本体で再生中の音楽の曲名が表示され、曲名をタップするとShazamやApple Musicで再生できます。

⓭メモ
＜メモ＞アプリが起動します。タッチすると新規メモなどの操作にすばやくアクセスできます。

⓮画面収録
画面の録画ができます。録画した動画は、＜写真＞アプリで確認できます。

⓯拡大鏡
カメラを拡大鏡として利用できます。

⓰聴覚
イヤフォン／ヘッドフォンの使用中にオンにすると、音量と環境音のレベルをチェックできます。

⓱低電力モード
低電力モードのオン／オフを切り替えられます。

9

プライバシー設定を理解する

OS・Hardware

iOS 15では、プライバシーに関する機能が強化されました。写真に付与された位置情報を削除できるほか、アプリがカメラやマイクにアクセスしていることが一目でわかります。

◤ プライバシー設定の機能を利用する

●写真の位置情報を削除する

1 Sec.40を参考に写真を表示し、□をタップします。

タップする

2 <オプション>をタップします。

1枚の写真を選択中
位置情報を含む オプション

タップする

3 「位置情報」の ◯をタップすると、共有する際に位置情報を削除することができます。

タップする

含める

位置情報

●アプリのカメラやマイクへのアクセスを確認する

1 カメラやマイクを使用するApp（ここではSec.53を参考に<FaceTime>）を起動すると、画面右上にカメラとマイクへのアクセスを示すインジケーターが表示されます。

表示された

● アプリのトラッキングを完全に拒否する

(1) ホーム画面で<設定>→<プライバシー>の順にタップします。

(2) <トラッキング>をタップします。

(3) <Appからのトラッキング要求を許可>の ● をタップすると、Appのトラッキング（広告表示などに利用される利用者情報の収集）の許可画面すら表示せず、オフにすることができます。

MEMO 「Appleでサインイン」と「App Clip」

「Appleでサインイン」機能に対応したアプリやWebサイトで<Appleでサインイン>をタップすると、新たに必要事項を記入したりパスワードを考えたりする必要がなく、Apple IDでアカウントを設定できます。また、iOS 15では「App Clip」機能によって、アプリをダウンロードしなくても機能の一部を利用できるようになりました。

◪ iPhoneの機能を使ったアプリを確認する

(1) ホーム画面で<設定>→<プライバシー>の順にタップします。

(3) <Twitter>アプリが表示されました。<Twitter>をタップします。

(2) ここでは、<写真>アプリを利用したアプリを確認します。<写真>をタップします。

(4) 許可範囲を変更することができます。なお、この画面は、<設定>→<Twitter>→<写真>からも表示することができます。

✕ メールのプライバシーを設定する

① <メール>アプリを起動したときに、「メールプライバシー保護」画面が表示されますが（P.97手順②）、設定を変更することができます。ホーム画面で<設定>→<メール>の順にタップします

② <プライバシー保護>をタップします。

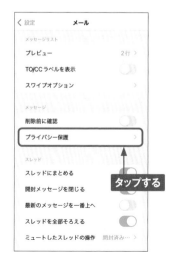

③ 現在は「"メール"でのアクティビティを保護」が有効になっています。◯をタップします。

④ より詳細な設定をすることができるようになります。

Application

集中モードを利用する

iOS 15では「おやすみモード」が集中モードに統合され、集中モードに設定している間は通知がされないようにすることができます。集中モードはコントロールセンターから設定します。

おやすみモードを有効にする

(1) P.22手順①を参考にコントロールセンターを表示し、😊をタップします。

タップする

(2) <おやすみモード>をタップします。

気が散らないための集中モード

タップする

(3) おやすみモードがオンになります。何もないところをタップします。

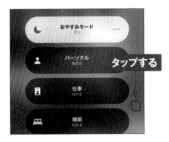

タップする

(4) コントロールセンターに戻ります。🌙をタップすると、おやすみモードがオフになります。次回以降は、🌙をタップするとおやすみモードをオンにできます。

タップする

☒ 集中モードを設定する

(1) P.250手順②の画面で<集中モード>をタップします。

タップする

(2) 設定したいモード（ここでは<パーソナル>）を選択してタップします。次の画面で<次へ>をタップします。

タップする

(3) 集中モード中でも通知を許可する連絡先を設定します。設定したら<許可>をタップします。受け取りたくない場合は<誰も許可しない>をタップします。

(4) 集中モード中でも通知を許可するアプリを設定します。設定したら<許可>をタップします。受け取りたくない場合は<何も許可しない>をタップします。次の画面で<完了>をタップします。

(5) 再度手順②の画面を表示して、設定した<パーソナル>をタップします。

タップする

(6) 「パーソナル」に設定した集中モードがオンになります。

画面ロックにパスコードを設定する

Application

iPhoneが勝手に使われてしまうのを防ぐために、iPhoneにパスコードを設定しましょう。初期状態では数字6桁のパスコードを設定することができます。

パスコードを設定する

1 ホーム画面で＜設定＞をタップします。

タップする

2 ＜Face IDとパスコード＞をタップします。

設定

⊙ 一般

コントロールセンター　　タップする

画面表示と明るさ

壁紙

Siriと検索

Face IDとパスコード

SOS 緊急SOS

3 ＜パスコードをオンにする＞をタップします。

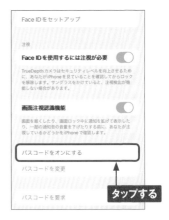

Face IDをセットアップ

注視

Face IDを使用するには注視が必要 ⬤

TrueDepthカメラはセキュリティレベルを向上させるために、あなたがiPhoneを見ていることを確認してからロックを解除します。サングラスをかけていると、注視検出が機能しない場合があります。

画面注視認識機能 ⬤

画面を暗くしたり、画面ロック中に通知を拡げて表示したり、一部の通知音の音量を下げたりする前に、あなたが注視しているかどうかをiPhoneで確認します。

パスコードをオンにする

パスコードを変更

パスコードを要求　　　タップする

MEMO パスコードの種類

P.253手順④の画面で＜パスコードオプション＞をタップすると、「カスタムの英数字コード」、「カスタムの数字コード」、「4桁の数字コード」から選んで設定できます。

④ 6桁の数字を2回入力すると、パスコードが設定されます。「Apple ID」画面が表示されたら、Apple IDのパスワードを入力して<続ける>をタップします。

⑤ パスコードを設定すると、iPhoneの電源を入れたときや、スリープモードから復帰したときなどにパスコードの入力を求められます。

MEMO パスコードを変更・解除する

パスコードを変更するには、P.252手順③で<パスコードを変更>をタップします。はじめに現在のパスコードを入力し、次に新しく設定するパスコードを2回入力します。また、パスコードの設定を解除するには、P.252手順③で<パスコードをオフにする>をタップし、パスコードを入力します。

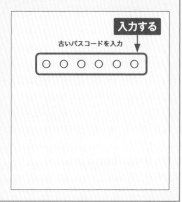

9

顔認証機能を利用する

iPhoneには、顔認証（Face ID）機能が搭載されています。自分の顔を認証登録すると、ロックの解除やiTunes Store、App Storeなどでパスワードの入力を省略することができます。

◆ iPhoneにFace IDを設定する

(1) ホーム画面で<設定>をタップします。

タップする

(2) <Face IDとパスコード>をタップします。パスコードが設定されている場合はパスコードを入力します。

設定

⚙ 一般 >
コントロールセンター
壁紙
Siri と検索 >
Face ID とパスコード >
SOS 緊急 SOS >

タップする

(3) <Face IDをセットアップ>をタップします。

< 設定 Face ID とパスコード

FACE ID を使用:

iPhoneのロックを解除
パスワードの自動入力

iPhoneで顔の固有な特徴を3次元的に認識し、Appに安全にアクセスしたり、支払いを行うことができます。Face IDとプライバシーについて...

Face ID をセットアップ

タップする

(4) <開始>をタップします。

Face ID の設定方法

まず、顔をカメラの枠内に入れてください。それから、顔のすべての角度がスキャンされるように円の中で頭を動かしてください。

開始

タップする

9

(5) 枠内に自分の顔を写します。

(6) ゆっくりと頭を動かして円を描きます。

ゆっくりと頭を動かして円を描

(7) 1回目のスキャンが完了します。<続ける>をタップします。

最初の Face ID

タップする

続ける

(8) 再度、ゆっくりと頭を動かして円を描きます。

(9) Face IDが設定されるので、<完了>をタップします。

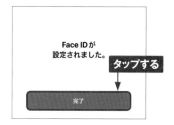

Face ID が
設定されました。

タップする

完了

(10) Sec.67でパスコードを設定していない場合、使用するパスコードを2回入力すると、設定が完了します。なお、Face IDは2つまで登録できます。

パスコードを入力

○ ○ ○ ○ ○ ○

2回入力する

パスコードオプション

顔認証でアプリをインストールする

① <App Store>でSec.44を参考に、インストールしたいアプリを表示し、<入手>をタップします。

③ インストールが自動で始まり、インストールが終わると、Appライブラリの「最近追加した項目」にアプリが追加されます。

② この画面が表示されたら、サイドボタンをすばやく2回押し、iPhoneに視線を向けます。

MEMO 登録した顔を削除する

登録した顔を削除するには、P.254手順③の画面で、<Face IDをリセット>をタップします。

📷 顔認証でロック画面を解除する

(1) スリープ状態のiPhoneを手前に傾けると、ロック画面が表示されます。iPhoneに視線を向けます。

(2) 鍵のアイコンが施錠から開錠の状態になります。画面下部から上方向にスワイプします。

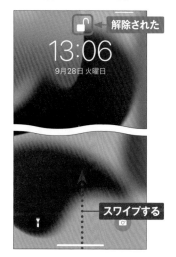

解除された

スワイプする

(3) ホーム画面が表示されます。

📝 MEMO パスコード入力が必要になるとき

顔認証を設定していても、パスコード（Sec.67参照）の入力が必要になる場合があります。1つは、ロック画面の解除で顔認証がうまくいかないときです。顔認証がうまくできないと、パスコード入力画面が表示されます。iPhoneを再起動した場合も、最初のロック画面の解除には顔認証が使えず、パスコードの入力が必要になります。また、顔認証やパスコードの設定を変更するには、＜設定＞の＜Face IDとパスコード＞から行いますが（P.254手順②参照）、このときもパスコードの入力が必要になります。

9

Apple IDの2ファクタ認証の番号を変更する

Application

Apple IDを作成すると、確認コードを受信したSMSなどの電話番号が、自動的に2ファクタ認証の電話番号として登録されます。電話番号は変更することもできます。

2ファクタ認証の電話番号を変更する

(1) ホーム画面から<設定>→自分の名前→<パスワードとセキュリティ>の順にタップします。

(2) 「信頼できる電話番号」の<編集>をタップします。

(3) <信頼できる電話番号を追加>をタップします。

(4) パスコードを登録している場合は、パスコードを入力します。

(5) 追加する電話番号を入力して、番号の確認方法（ここでは<SMS>）をタップして選択し、<送信>をタップします。

(6) 確認が取れると、電話番号が追加されます。<編集>をタップします。

(7) 古い電話番号の⊖をタップします。

(8) <削除>をタップします。

(9) <削除>をタップします。

(10) 古い電話番号が削除され、変更が完了します。

9

> **MEMO 確認コードが届いた場合**
>
> 手順⑤の操作のあとに、入力した電話番号へ確認コードが送信される場合があります。その場合は、コードを確認したあとに、コードを入力すると、手順⑥の画面が表示されます。

Application

通知を活用する

通知やコントロールセンターから、さまざまな機能が利用できます。通知からSMSに返信したり、カレンダーの出席依頼に返答したりなど、アプリを立ち上げずにいろいろな操作が可能です。

◪ バナーを活用する

●メッセージに返信する

① 画面にSMSメッセージのバナーが表示されたら、バナーを下方向にスワイプします。

② 入力欄に返信メッセージを入力し、↑をタップすると、メッセージが送信されます。

●メールを開封済みにする

① 画面にメールのバナーが表示されたら、バナーを下方向にスワイプします。

② <開封済みにする>をタップするとメールを開封済みに、<ゴミ箱>をタップするとメールをゴミ箱に移動させることができます。

MEMO **バナーが消えたときは**

バナーが消えてしまった場合は、画面左上を下方向にスワイプして通知センターを表示すると、バナーに表示された通知が表示されます。その通知をタップすると、メッセージの返信やメールの開封操作が行えます。

通知をアプリごとにまとめる

(1) ホーム画面で<設定>をタップし、<通知>をタップします。

✈️ 機内モード		
📶 Wi-Fi		>
🟦 Bluetooth	オン	>
📶 モバイル通信		
🔵 インターネット共有	オフ	>

タップする

🔔 通知 >

🔊 サウンドと触覚 >

(2) 通知をまとめたいアプリ（ここでは<メッセージ>）をタップします。

< 設定　　通知

💡 ヒント >

📕 ブック
ハナー、サウンド

タップする

📱 メール
ハナー、サウンド、バッジ

⭕ メッセージ
ハナー、サウンド、バッジ、読み上げ

📝 メモ >

(3) <通知のグループ化>をタップします。なお、グループ化できないアプリもあります。

< 通知　　メッセージ

⚪ 即時通知 ⬤

即時通知は常にすぐに配信され、1時間はロック画面に

サウンド　　　　　メモ >

バッジ ⬤

タップする

ホーム画面の外観

プレビューを表示　常に（デフォルト）

通知のグループ化　　　　自動 >

(4) <App別>をタップします。同様の手順で通知をまとめたいアプリを設定します。

< メッセージ　通知のグループ化

自動

App別 ✓

オフ

タップする

(5) 設定したアプリの通知がまとまって表示されます。

15:05
9月28日 火曜日

通知センター ✕

斉藤 **斉藤拓也**
何時ごろに来れそう？

9

MEMO　通知の要約

iOS 15では、通知を指定した時間にまとめて受け取る「通知要約」という機能が追加されました。忙しい昼間などは通知を受け取らず、夕方から夜に通知をまとめて受け取るなどの設定が可能です。ホーム画面で<設定>→<通知>→<時間指定要約>の順にタップしてオンにし、「スケジュール」の項目で時間帯を指定します。

📧 通知センターから通知を管理する

● 通知をオフにする

① Sec.04を参考に、通知センターを表示します。通知を左方向にスワイプします。

② <オプション>をタップします。

③ <1時間通知を停止>または<今日は通知を停止>をタップすると、そのアプリの通知指定期間内は通知されなくなり、<オフにする>をタップすると通知がされなくなります。<設定を表示>をタップすると、P.263のような通知設定画面が表示されます。

● グループ化した通知を消去する

① グループ化した通知をタップします。なお、左方向にスワイプすると、左の手順②で<消去>が<すべて消去>に変わったメニューが表示されます。

② グループ化された通知が展開されます。各通知を左方向にスワイプすると、左の手順②の画面が表示されます。アプリ名の右の ⊗ →<消去>の順にタップすると、そのアプリの通知をすべて消去できます。

9

🖼 通知設定の詳細を知る（メッセージの場合）

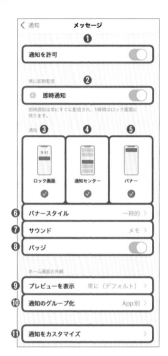

❶「通知を許可」を にすると、すべての通知が表示されなくなります。

❷「即時追加」を にしていると通知をすぐに配信してくれます。

❸「ロック画面」をタップしてチェックを付けると、ロック画面に通知が表示されます。

❹「通知センター」をタップしてチェックを付けると、画面左上部を下方向にスライドすると表示される通知センターに通知が表示されます。

❺「バナー」をタップしてチェックを付けると、通知が画面上部に表示されます。

❻「バナー」の通知方法を変更できます。<一時的>を選ぶと、通知が画面上部に表示され、一定時間が経過すると消えます。<持続的>を選ぶと、通知をタップするまで表示され続けます。

❼「サウンド」では、通知の際の通知音やバイブレーションが設定できます。

❽「バッジ」を にすると、ホーム画面に配置されている該当するアプリのアイコンの右上に、新着通知の件数が表示されます。

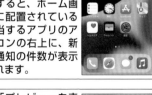

❿「通知のグループ化」では、いくつかの異なるスレッドをまとめて通知されるように設定できます（P.261参照）。

❾「プレビューを表示」を<しない>にすると、通知にメッセージなどの内容が表示されず、何に関する通知かが表示されます。

⓫「通知をカスタマイズ」では、「通知を繰り返す」が設定でき、2分ごとに通知音を何回くり返すかを設定できます。くり返しはロック画面などでオンになり、<しない><1回><2回><3回><5回><10回>から選択できます。

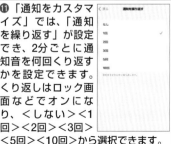

9

背面タップでアプリを起動する

Application

iPhoneの背面を2回または3回タップすると、アプリを起動したり
iPhoneをロックしたりできる「背面タップ」という機能があります。
初期設定ではオフとなっています。

背面タップを設定する

1 ホーム画面で<設定>をタップして、<アクセシビリティ>をタップします。

2 <タッチ>をタップします。

3 <背面タップ>をタップします。

4 <ダブルタップ>をタップします。

5 背面をダブルタップしたときに行う動作をタップして割り当てます。トリプルタップの動作を割り当てるには、手順④で<トリプルタップ>をタップして同様に操作します。

9

デフォルトのアプリを
変更する

Application

デフォルトで立ち上がるブラウザとメール（2021年10月現在）の
アプリを変更することができます。ここでは、ブラウザアプリを変更
します。

標準のブラウザをChromeにする

(1) Sec.44を参考に、あらかじめ
＜Chrome＞アプリをインストール
しておきます。

(2) ホーム画面で＜設定＞→
＜Chrome＞の順にタップしま
す。

(3) ＜デフォルトのブラウザApp＞を
タップします。

(4) ＜Chrome＞をタップしてチェック
を付けます。

9

265

Application

ダークモードを利用する

「ダークモード」を利用すると、アプリ画面が黒を基調とした配色になります。ダークモード状態では、バッテリーの消費を抑えることができ、暗い場所でも画面が見やすく、目が疲れにくくなります。

ダークモードを利用する

① ホーム画面から<設定>をタップします。

タップする

② <画面表示と明るさ>をタップします。

設定

⚙️ 一般	>
🎛️ コントロールセンター	>
🔠 画面表示と明るさ	>
📱 ホーム画面	>
♿ アクセシビリティ	>
🖼️ 壁紙	>
🔍 Siriと検索	>
Face IDとパスコード	

タップする

③ <ダーク>をタップします。

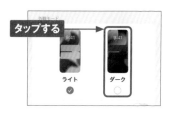

タップする

ライト　ダーク

④ ダークモードに切り替わります。もとに戻したい場合は、<ライト>をタップします。

タップする

ライト　ダーク

MEMO Apple ID作成時にも設定できる

Sec.81の初期設定の際にも、「ダークモード」を設定することができます。

ダークモードの利用時間を設定する

① P.266手順③の画面で、「自動」の をタップして、 にします。

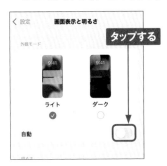

② <オプション>をタップします。

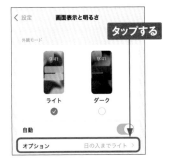

③ <カスタムスケジュール>をタップします。

④ <ライト>と<ダーク>をそれぞれタップして、ライトモードとダークモードに切り替わる時間を設定します。

⑤ 時間を入力して設定し、<戻る>をタップします。

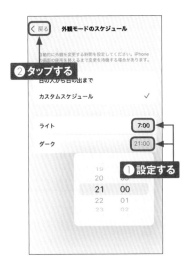

9

アプリごとに画面表示を設定する

Application

アクセシビリティでは画面の文字の大きさやカラーなどを変更することができます。また、アプリごとに設定を変えることができるので、文字が小さく感じるアプリなどに活用しましょう。

文字の大きさなどを設定する

1 ホーム画面で<設定>をタップします。

2 <アクセシビリティ>をタップします。

3 <画面表示とテキストサイズ>をタップします。

4 画面表示の設定をすることができます。

9

✖ アプリごとに文字の大きさなどを設定する

① P.268手順③の画面で<Appごとの設定>をタップします。

- ⑤ ヒアリングデバイス 〉
- 🔊 サウンド認識　オフ 〉
- 🔳 オーディオ/ビジュアル 〉
- 📃 標準字幕とバリアフリー字幕 〉

一般

- 🔒 アクセスガイド　オフ 〉
- 🔁 ショートカット　フ 〉
- 📱 Appごとの設定 〉

タップする

② <Appを追加>をタップします。

< 戻る　　**App ごとの設定**

APP のカスタマイズ

App を追加

タップする

③ 設定したいアプリ（ここでは<メッセージ>）をタップします。

カスタマイズする App を選択 キャンセル

Q 検索

- 🗺 マップ
- 🎵 ミュージック
- 💬 メッセージ
- 📝 メモ
- ✉ メール
- ⋮ リマインダー

タップする

④ 手順②の画面に戻り、アプリをタップします。

15:24　　　　　　　　　　.ııl 🛜 ■

< 戻る　　**App ごとの設定**　　編集

APP のカスタマイズ

App を追加

💬 メッセージ 〉

タップする

⑤ 画面表示の設定をすることができます。

15:24　　　　　　　　　　.ııl 🛜 ■

< App ごとの設定 **メッセージ**　**設定する**

画面表示とテキストサイズ

文字を太くする	デフォルト 〉
さらに大きな文字	デフォルト 〉
ボタンの形	デフォルト 〉
オン/オフラベル	デフォルト 〉
透明度を下げる	デフォルト 〉

文字を判読しやすくするために、一部の背景の透明度とぼかしの度合いを低減してコントラストを調整します。

コントラストを上げる	デフォルト 〉

アプリケーションの前景色と背景色との間のカラーコントラストを上げます。

カラー以外で区別	デフォルト 〉

カラーのみに依存するインターフェイス項目を置き換えて、ほかの方法で情報を伝えます。

反転（スマート）	デフォルト 〉

"反転（スマート）" は画面の色を反転しますが、画像、メディア、暗い色のスタイルを使用した App などは除外します。

動作

視差効果を減らす	デフォルト 〉

検索機能を利用する

Application

iPhoneの検索機能を使ってキーワードの検索を行うと、iPhone内のアプリ、音楽、メール、Webなどから該当する項目をリストアップしてくれます。さらに、検索結果のカテゴリを絞ることもできます。

検索機能を利用する

(1) ホーム画面やロック画面、通知センターの中央から下方向にスワイプします。

スワイプする

(2) 画面上部に検索フィールドが表示されます。キーワードを入力すると、検索結果が表示されます。ここでは、アプリをタップします。

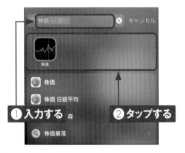

❶入力する ❷タップする

(3) タップしたアプリが起動しました。

株価
9月28日　　　　編集
Q 検索

MEMO　検索機能の活用方法

検索機能では、メールの件名や連絡先、メモの写真の文字なども検索対象に含まれます。探したいメールや連絡先がすぐに見つからないときに検索機能を利用すると、かんたんに目的のメールや連絡先が探せます。さらに、Siriを使い込むことでユーザーの行動を学習して、次に使用すると予想されるアプリを勧めてくれるようになります。

☒ 検索対象を設定する

① ホーム画面で＜設定＞→＜Siriと検索＞の順にタップします。

設定

- ⚙ 一般 ＞
- 🎛 コントロールセンター ＞
- 🔠 画面表示と明るさ ＞
- 🔲 ホーム画面 ＞
- ♿ アクセシビリティ ＞
- 🖼 壁紙 ＞
- 🔍 Siriと検索 ＞
- 🔳 Face IDとパスコード ＞
- 🆘 緊急SOS ＞
- 🔆 接触通知 ＞
- 🔋 バッテリー ＞
- ✋ プライバシー ＞
- App Store

タップする

② 検索対象から外したいアプリをタップします。

- 🔍 拡大鏡 ＞
- 📈 株価 ＞
- 🧮 計算機 ＞
- 📏 計測 ＞
- 🕐 時計 ＞
- 🌼 写真 ＞
- 🚇 乗換案内 ＞
- ⚙ 設定 ＞
- 📍 探す ＞
- ☁ 天気 ＞
- 📞 電話 ＞
- 🔤 翻訳 ＞
- 👤 連絡先 ＞

タップする

③ 「検索でAppを表示」の ⬤ をタップします。

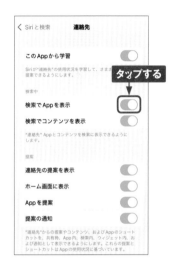

＜ Siriと検索　　連絡先

このAppから学習 ⬤

Siriが"連絡先"の使用状況を学習して、さまざ…

タップする

検索中

検索でApp を表示 ⬤

検索でコンテンツを表示 ⬤

"連絡先" Appとコンテンツを検索に表示できるようにします。

提案

連絡先の提案を表示 ⬤

ホーム画面に表示 ⬤

App を提案 ⬤

提案の通知 ⬤

"連絡先"からの提案やコンテンツ、およびAppのショートカットを、共有時、App内、検索内、ウィジェット内、および通知として表示できるようにします。これらの提案とショートカットはAppの使用状況に基づいています。

④ ⬤ が ◯ になり、検索対象から外れます。

＜ Siriと検索　　連絡先

このAppから学習 ⬤

Siriが"連絡先"の使用状況を学習して、さまざまなAppで提案できるようにします。

検索中

検索でApp を表示 ◯

"連絡先" Appとコンテンツを検索に表示できるようにします。

提案

連絡先の提案を表示 ⬤

ホーム画面に表示 ⬤

App を提案 ⬤

提案の通知 ⬤

"連絡先"からの提案やコンテンツ、およびAppのショートカットを、共有時、App内、検索内、ウィジェット内、および通知として表示できるようにします。これらの提案とショートカットはAppの使用状況に基づいています。

Bluetooth機器を
利用する

Application

iPhoneは、Bluetooth対応機器と接続して、音楽を聴いたり、キーボードを利用したりすることができます。Bluetooth対応機器を使うには、ペアリング設定をする必要があります。

❌ Bluetoothのペアリング設定を行う

(1) ホーム画面で<設定>をタップします。

タップする

(3) 「Bluetooth」が ⬜ であることを確認します。

< 設定　　Bluetooth

Bluetooth ⬜

"iPhone 13"という名前で検出可能です。

デバイス

Apple WatchをiPhoneとペアリングするには、Apple Watch Appを使用します。

確認する

(2) <Bluetooth>をタップします。

設定

橋本誠悟
Apple ID、iCloud、メディアと購入　>

Apple TV+ を3か月間無料体験　>

タップする

✈ 機内モード

📶 Wi-Fi　>

🔵 Bluetooth　オン >

(4) Bluetooth接続したい機器の電源を入れ、ペアリングモードにします。ここでは、Bluetooth対応のスピーカーを例に説明します。

9

(5) Bluetooth接続できる機器が表示されます。ペアリングしたい機器をタップします。

(6) 手順⑤のあとで、「PINを入力」画面が表示された場合は、Bluetooth機器のパスコードを入力し、<ペアリング>をタップします。パスコードは、Bluetooth機器の取扱説明書や画面の表示などを確認してください。

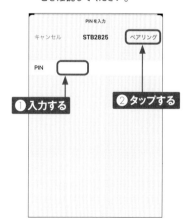

(7) ペアリング設定が完了しました。「自分のデバイス」に表示されている接続したBluetooth機器名の右側に「接続済み」と表示されます。

(8) 画面右上から下方向にスワイプすると、コントロールセンターが表示され、Bluetooth接続されていることを確認できます。

インターネット共有を利用する

Application

「インターネット共有（テザリング）」は、モバイルWi-Fiルーターとも呼ばれる機能です。iPhoneを経由して、無線LANに対応したパソコンやゲーム機などをインターネットにつなげることができます。

インターネット共有を設定する

(1) ホーム画面で＜設定＞をタップします。

タップする

(2) ＜インターネット共有＞をタップします。

タップする

(3) 「ほかの人の接続を許可」の をタップします。

〈 設定　　インターネット共有

iPhoneの"インターネット共有"機能を使用すると、iCloudにサインインしている別のデバイスからパスワード入力なしでインターネットにアクセスすることができます。

ほかの人の接続を許可

"Wi-Fi"のパスワード

"インターネット共有"設定で、またはコントロールセンターで"インターネット共有"をオンにしたときに、サインインしていないほかのユーザーまたはデバイスは、Wi-Fiネットワーク"iPhone 13"を検索できるように

タップする

互換性を優先

オンにすると、あなたのインターネット共有に接続しているデバイスでインターネットのパフォーマンスが低下する場合があります。

MEMO Wi-Fiのパスワードを変更する

P.275手順⑤の画面で、＜"Wi-Fi"のパスワード＞をタップし、パスワードを入力し、＜完了＞をタップすると、Wi-Fiのパスワードを変更することができます。

9

④ インターネット共有がオンになりました。

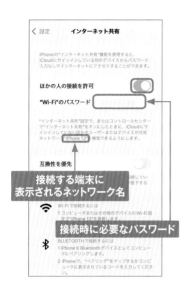

接続する端末に表示されるネットワーク名

接続時に必要なパスワード

⑤ パスワードが最後まで表示されていない場合は、手順④で＜"Wi-Fi"のパスワード＞をタップすると、確認することができます。

⑥ Sec.19を参考に、ほかの端末でiPhoneのネットワークに接続します。

タップする

⑦ ほかの端末から接続されると、画面左上の現在時刻部分が緑色になります。

緑表示に変わる

MEMO iPhoneの名前の変更

インターネット共有がオンになっているときは、周囲の端末に自分のiPhoneの名前が表示されます。表示される名前を変更したいときは、ホーム画面で＜設定＞→＜一般＞→＜情報＞→＜名前＞の順にタップし、任意の名前に変更します。

9

275

OS・Hardware

スクリーンショットを撮る

iPhoneでは、画面のスクリーンショットを撮影し、その場で文字などを追加することができます。なお、通話中の画面など、一部の画面ではスクリーンショットが撮影できません。

❌ スクリーンショットを撮影する

(1) スクリーンショットを撮影したい画面を表示し、サイドボタンと音量ボタンの上のボタンを同時に押して離します。

(2) スクリーンショットが撮影されます。画面左下に一時的に表示されるサムネイルをタップします。

(3) 下部のペンをタップして、文字などを追加できます。<完了>をタップします。

(4) <"写真"に保存>をタップします。保存したスクリーンショットは、<写真>アプリで確認できます。

iPhoneを初期化・
再設定する

iPhoneを
強制的に再起動する

iPhoneを使用していると、突然画面が反応しなくなってしまうことがあるかもしれません。いくら操作してもどうにもならない場合は、iPhoneを強制的に再起動してみましょう。

OS・Hardware

◢ iPhoneを強制的に再起動する

(1) 音量ボタンの上を押してすぐ離したら、音量ボタンの下を押してすぐ離します。サイドボタンを手順②の画面が表示されるまで長押しします。

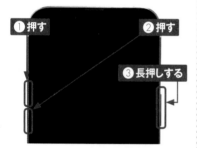

① 押す ② 押す
③ 長押しする

(2) P.15手順②の画面が表示される場合は、そのままサイドボタンを長押しし続けます。iPhoneが強制的に再起動して、Appleのロゴが表示されます。

(3) 再起動後はロック画面が表示されます。パスコード設定時はパスコード入力が必要です。

MEMO 緊急SOSについて

サイドボタンと音量ボタンのどちらかを同時に押し続け、<SOS>を右方向にドラッグすると、110番や119番などの緊急サービスに連絡することができます。なお、緊急サービスへ自動通報を行いたいときは、ホーム画面で<設定>→<緊急SOS>の順にタップし、「自動通報」をオンにしておきましょう。

Application

iPhoneを初期化する

iPhone内の音楽や写真をすべて消去したい場合や、ネットワークの設定やキーボードの設定などを初期状態に戻したい場合は、<設定>アプリから初期化（リセット）が可能です。

◪ iPhoneを初期化する

① ホーム画面で<設定>→<一般>の順にタップします。

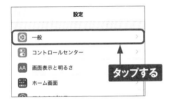

設定

- ⚙ 一般
- 🎛 コントロールセンター
- AA 画面表示と明るさ
- ⬛ ホーム画面

タップする

② <転送またはiPhoneをリセット>→<リセット>の順にタップします。

タップする

法律に基づく情報および認証

転送またはiPhoneをリセット

システム終了

③ <すべてのコンテンツと設定を消去>をタップします。

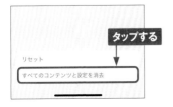

リセット

すべてのコンテンツと設定を消去

タップする

④ <続ける>をタップします。パスコードを設定している場合は、次の画面でパスコードを入力すると、自動でバックアップデータが作成されます。

続ける

今はしない タップする

⑤ Apple IDをiPhoneに設定している場合は、Apple IDのパスワードを入力し、<オフにする>をタップします。

キャンセル オフにする

②タップする

Apple ID パスワード

"探す"とアクティベーションロッ
るに
は、"seigo0809hashimoto@icloud.com"の
Apple IDパスワードを入力してください。

①入力する

⑥ <iPhoneを消去>をタップします。

続けてもよろしいですか？すべてのメ
設定を消去します。この操作は
タップする

iPhoneを消去

10

279

iPhoneの
初期設定を行う

iPhoneを初期化すると、再起動後に初期設定を行う必要があります。初期設定は画面の指示に従って項目を設定するだけなので、かんたんに行うことができます。

OS・Hardware

◤ iPhoneの初期設定をする

1 Sec.80の方法で初期化すると再起動され、下の画面が表示されます。画面下部を上方向にスワイプします。

2 <日本語>をタップします。

3 「国または地域を選択」画面が表示されます。<日本>をタップします。

4 「クイックスタート」画面が表示されるので、<手動で設定>をタップします。

⑤ 「文字入力および音声入力の言語」画面が表示されます。「優先する言語」「キーボード」「音声入力」に問題がなければ＜続ける＞をタップします。変更したい場合は＜設定をカスタマイズする＞をタップして変更します。

⑥ 「Wi-Fiネットワークを選択」画面が表示されます。回線をタップします。Wi-Fiを設定しない場合は、＜モバイルデータ通信回線を使用＞をタップします。

⑦ 手順⑥でタップした回線のパスワードを入力し、＜接続＞→＜次へ＞の順にタップします。

⑧ 「データとプライバシー」画面で＜続ける＞をタップすると、「Face ID」画面が表示されます。＜あとでセットアップ＞をタップします。Face IDを設定する場合は、Sec.68を参考に設定します。

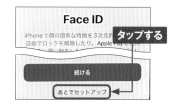

⑨ 「パスコードを作成」画面が表示されます。Sec.67を参考に6桁のパスコードを2回入力します。

10

> **MEMO　古いiPhoneからの移行**
>
> iPhoneには、かんたんに情報を移行できる「クイックスタート」が用意されています。P.280手順④の画面で古いiPhoneと新しいiPhoneを近付けるだけで、Wi-Fiの設定やApple IDのメールアドレス、パスワードなどの設定情報を移行できます。また、新・旧iPhoneともに、iOS 12.4以降であれば、全データを直接転送することができます。

(10) 「Appとデータ」画面が表示されます。ここでは、＜Appとデータを転送しない＞をタップします。バックアップから復元する場合は、Sec.82を参考にしてください。

(11) Apple IDのサインイン画面が表示されます。Apple IDのメールアドレスを入力して、＜次へ＞をタップします。Apple IDがない場合は、＜パスワードをお忘れかApple IDをお持ちでない場合＞をタップして、画面の指示に従います。

(12) パスワードを入力し、＜次へ＞をタップします。

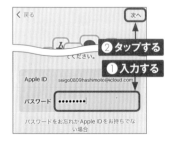

(13) 「利用規約」画面が表示されます。よく読み、問題がなければ＜同意する＞をタップします。

(14) 「新しいiPhoneに設定を移行」画面が表示されたら、＜設定をカスタマイズする＞をタップします。「iPhoneを常に最新の状態に」画面が表示されたら、＜続ける＞をタップします。

(15) 「位置情報サービス」画面が表示されたら、＜位置情報サービスをオンにする＞をタップします。

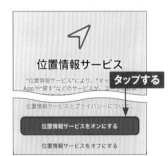

(16) 「Pay」画面が表示されたら、＜あとでウォレットでセットアップ＞をタップします。「iCloudキーチェーン」画面が表示された場合は、＜iCloudキーチェーンを使用しない＞をタップします。

(17) 「Siri」画面と「スクリーンタイム」画面が表示されます。いずれも＜あとで"設定"でセットアップ＞をタップします。

(18) 「解析」画面が表示されたら、＜Appleと共有＞をタップします。

(19) 「外観モード」画面と「拡大表示」画面が表示されます。いずれも＜続ける＞をタップします。

(20) 「ようこそiPhoneへ」画面が表示されたら、初期設定は完了です。画面下部から上方向にスワイプすると、ホーム画面が表示されます。

MEMO キャリア設定アップデート

初期設定終了後など、「キャリア設定アップデート」画面が表示される場合があります。その場合は、画面の指示に従って設定を行いましょう。

バックアップから復元する

OS・Hardware

iPhoneの初期設定のときに、iCloudへバックアップ（Sec.57参照）したデータから復元して、iPhoneを利用することができます。ほかのiPhoneからの機種変更のときや、初期化したときなどに便利です。

◪ バックアップから復元されるデータ

古いiPhoneから機種変更をしたときや、初期化を行ったときには、iCloudへバックアップしたデータの復元が可能です。写真や動画、各種設定などが復元され、App Storeでインストールしたアプリは自動的にダウンロードとインストールが行われます。

●写真・動画

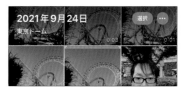

過去に撮影した写真や動画は、iCloudのバックアップから復元されます。

●アプリ

初期化する前にインストールしたアプリが再インストールされ、ホーム画面の配置が復元されます。

●設定

> seigo0809hashimoto@icloud.com
> Apple ID

各種設定やメッセージなども復元されます。

> **MEMO** 機種変更時などの
> iCloudストレージ一時利用
>
> 機種変更や初期化の際に、利用できるiCloudの容量を超えて一時的にバックアップを作成することができます。このバックアップを利用するには、iPhone 13以前のモデルでは、iOS 15にアップデートして、P.279手順③の画面で、<開始>をタップし、画面の指示に従って操作します。バックアップの保存期間は基本21日間です。

10

☒ iCloudバックアップから復元する

1 P.282手順⑩の画面で、<iCloud
バックアップから復元>をタップしま
す。

App とデータ
この iPhone に App とデータを転送する
選択してください。

iCloud バックアップから復元

Mac または PC から復元

2 iCloudにバックアップしている
Apple IDへ サインインします。
Apple IDを入力し、<次へ>を
タップします。

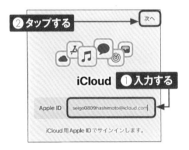

iCloud ❶入力する

Apple ID　seigo0809hashimoto@icloud.com

iCloud用 Apple IDでサインインします。

3 パスワードを入力し、<次へ>を
タップします。

iCloud ❶入力する

Apple ID　seigo0809hashimoto@icloud.com

パスワード　●●●●●●●●

4 「利用規約」画面が表示されま
す。よく読み、問題がなければ
<同意する>をタップします。

5 「バックアップを選択」画面が表
示されます。復元したいバックアッ
プをタップします。画面の指示に
従って進むと、復元が開始され、
iPhoneが再起動します。

バックアップを選択
タップする

この iPhone の最新のバックアップ

今日 15:44
iPhone 13（このiPhone 13）

その他のバックアップ

2021年 9月24日 18:32
iPhone 13（このiPhone 13）

6 再起動が終わるとロック画面が表
示されます。上方向にスワイプし
てパスコードを入力しロックを解除
すると、ホーム画面が表示されま
す。

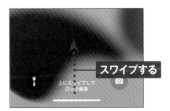

索引